少年中国科技·未来科学➕丛书　　　格致论道／编　　　物理篇

（演讲）
雒建斌/罗会仟/
曹天元

薛定谔猫的生死之谜

CTS K 湖南科学技术出版社

国家一级出版社　全国百佳图书出版单位

长沙

图书在版编目（CIP）数据

薛定谔猫的生死之谜 / 格致论道编. -- 长沙 ： 湖南科学技术出版社，2025. 8. --（少年中国科技·未来科学+）. -- ISBN 978-7-5710-3603-4

Ⅰ. 04-49

中国国家版本馆CIP数据核字第2025CN7019号

XUEDING'EMAO DE SHENGSI ZHI MI

薛定谔猫的生死之谜

编　　者：格致论道

出 版 人：潘晓山

责任编辑：邹莉

出　　版：湖南科学技术出版社

社　　址：长沙市芙蓉中路一段416号泊富国际金融中心

网　　址：http://www.hnstp.com

发　　行：未读（天津）文化传媒有限公司

印　　刷：北京雅图新世纪印刷科技有限公司

厂　　址：北京市顺义区李遂镇崇国庄村后街151号

版　　次：2025年8月第1版

印　　次：2025年8月第1次印刷

开　　本：880 mm×1230 mm　1/32

印　　张：5.5

字　　数：138千字

书　　号：ISBN 978-7-5710-3603-4

定　　价：45.00元

关注未读好书

客服咨询

编委会

推荐序（一）

近年来，我们国家在科技领域取得了巨大的进步，仅在航天领域，就实现了一系列令世界瞩目的成就，比如"嫦娥工程"、"天问一号"、北斗卫星导航系统、中国空间站等。这些成就不仅让所有中国人引以为傲，也向世界传达了一个重要信息：我们国家的科技水平已经能够比肩世界最先进水平。这也激励着越来越多的年轻人投身科技领域，成为我国发展的中流砥柱。

我从事的是地球化学和天体化学研究，就是因为少年时代被广播中的"年轻的学子们，你们要去唤醒沉睡的高山，让它们献出无尽的宝藏"深深地打动，于是下定决心学习地质学，为国家寻找宝贵的矿藏，为国家实现工业化贡献自己的力量。1957年，我成为中国科学院的副博士研究生。在这一年，人类第一颗人造地球卫星"斯普特尼克1号"发射升空，标志着人类正式进入了航天时代。我当时在阅读国内外学术著作和科普图书的过程中逐渐了解到，太空将成为人类科技发展的未来趋势，这使我坚定了自己今后的科研方向和道路，于是我的研究方向从"地"转向了"天"。可以说，科普在我人生成长中扮演了非常重要的角色。

做科普是科学家的责任、义务和使命。要想做好科普，就要将人文注入大众觉得晦涩难懂的科学知识中，让科学知识与有趣的内容相结合。作为科学家，我们不仅要普及科学知识，还要普及科学方法、科学道德，弘扬科学精神、科学思想。中华民族是一个重视传承优良传统的民族，好的精神会代代相传。我们的下一代对科学的好奇心、想象力和探索力，以及他们的科学素养与国家未来的科技发展息息相关。

　　"格致论道"推出的《少年中国科技·未来科学＋》丛书是一套面向下一代的科普读物。这套书汇集了100余位国内优秀科学家的演讲，涵盖了航空航天、天文学、人工智能等诸多前沿领域。通过阅读这套书，青少年将深入了解中国在科技领域的杰出成就，感受科学的魅力和未来的无限可能。我相信，这套书将会为他们带来巨大的启迪和激励，帮助他们打开视野，体会科学研究的乐趣，感受榜样的力量，树立远大的志向，将来为我们国家的科技发展做出贡献。

中国科学院院士

推荐序（二）

近年来，听科普报告日益流行，成了公众社会生活的一部分，我国也出现了许多和科普相关的演讲类平台，其中就包括由中国科学院全力打造的"格致论道"新媒体平台。自2014年创办以来，"格致论道"通过许多一线科学家和思想先锋的演讲，分享新知识、新观点和新思想。在这些分享当中，既有硬核科学知识的传播，也有展现科学精神的事例介绍，还有人文情怀的传递。截至2024年3月，"格致论道"讲坛已举办了110期，网络视频播放量超过20亿次，成为公众喜欢的一个科学文化品牌。

现在，"格致论道"将其中一批优秀的科普演讲结集成书，丛书涵盖了多个热门科学领域，用通俗易懂的语言和丰富的插图，向读者展示了科学的瑰丽多彩，让公众了解科学研究的最前沿，了解当代中国科学家的风采，了解科学研究背后的故事。

作为一名古生物学者，我有幸在"格致论道"上做过几次演讲，分享我的科研经历和科学发现。在分享的过程中，尤其是在和现场观众的交流中，我感受到了公众对科学的热烈关注，也感受到了年轻一代对未知世界的向往。其实，公众对科普的需求，对科普日益增加的热情，我不仅在"格致论道"这一个新媒体平台上，而且在一些其他的科普演讲场所里，都能强烈地感受到。

回想二十多年前，我第一次在国内社会平台上做科普演讲，到场听众只有区区几人，让组织者感到很尴尬。作为对比，我同时期也在日本做过对公众开放的科普演讲，能够容纳数百人甚至上千人的报告厅座无虚席。令人欣慰的是，随着我国经济社会的发展，公众对科学的兴趣越来越大，越来越多的家庭把听科普报告、参加各种科普活动作为家庭活动的一部分。这样的变化是许多因素共同发力促成的，其中一个重要因素就是有像"格致论道"这样的平台持续不断地向公众提供优质的科普产品。

再回想1988年我接到北京大学古生物专业录取通知书的时候，连这个专业的名字都没有听说过，甚至我的中学老师都不知道这个专业是研究什么的。但今天的孩子对各种恐龙的名字如数家珍，我也收到过一些"恐龙小朋友"的来信，说长大以后要研究恐龙。我甚至还遇到这样的例子：有孩子在小时候听过我的科普报告或者看过我参与拍摄的纪录片，长大后选择从事科学研究工作。这说明，我们日益友好的科普环境帮助了孩子的成长，也促进了我国科学事业的发展。

与此同时，社会的发展也给现在的孩子带来了更多的诱惑，年轻一代对科普产品的要求也更高了。如何把科学更好地推向公众，吸引更多人关注科学和了解科学，依然是一个很有挑战性的问题。希望由"格致论道"优秀演讲汇聚而成的这套丛书，能够在这方面发挥作用，让孩子在学到许多硬核科学知识的同时，还能够帮助他们了解科学方法，建立科学思维，学会用科学的眼光看待这个世界。

中国科学院院士

目录

如何科学地炸掉月球

梁文杰
中国科学院物理研究所研究员

作为中国科学院物理研究所的物理学家,我的日常工作是进行专业的科学研究,具体来说,就是研究世界上最小的晶体管单元。但除了专业科学,我也做一些科学传播工作,即让大众了解我们都在做什么,并把科学精神传递出去。

2021年,郭帆导演团队联系我们:"作为科学家,你们能不能帮我们的新电影《流浪地球2》出出主意、把把关?"我们想,这也许是个促进科学传播的机会,就答应了。对我们来说,这次的"探险"经历非常美好。导演团队非常认真严谨,自2021年合作开始,他们一直在向我们提出各种科学问题。即使是有人在电影制作手册里挑出了小问题,剧组也会联系我们,请我们帮忙看一看。导演非常尊重我们,在电影里展现了我们的很多想法。总之,这是一次很愉快的合作。

在国外,科幻电影配备科学顾问是比较常见的操作。例如,《星际穿越》的科学顾问就是著名的天体物理学家基普·S.索恩,他的加入不但使这部电影更精彩,而且让电影展现了科学的黑洞场景。在我看来,科幻电影不一定要完全科学,最重要的是,它要呈现一个瑰丽的幻想,一个世界的奇观,比如《流浪地球2》中的太阳氦闪[1]。太阳的确会氦闪，但这是50亿年之后的事了。科幻小说和电影将它设定成人类迫在眉睫的危机，这肯定不科学。然而，只有将它设定成正在发生的事情，人类才可以充分发挥想象力和创造力。我们可以幻想人类面临这种危机时会有怎样的反应，会如何努力对抗命运。

科幻电影需要想象力，科学也需要想象力来创造新的可能。我们不能在科幻电影里破坏这些伟大的想象力，而要通过科学的设定将想象力包裹在现实的框架内。我们要为电影中那些瑰丽的想象力找出科学依据，并进行严谨的演算，然后告诉剧组哪一点在科学上是可靠的；哪一点是不科学的，有什么办法可以解决。我们还建议导演在电影中加入一些彩蛋，比如使用巡天望远镜的片段。

我们惊喜地发现，电影上映后，观众的反应很热烈，特别是对电影中展现的技术和场面。大家都在非常认真地探讨哪些是可能的，哪些是不可能的。有些观众甚至认为，电影里一些科学和技术上的设定没有交代清楚。我非常高兴听到这些质疑的声音，也非常欢迎

1　红巨星演化到核心氢耗尽，中心温度高达10^8K时，氦核突然燃烧的现象。

大家提出问题。因为科学传播不是我说你听，而是我说你想。如果有人质疑，就说明他在思考。只有脑子动起来，才能更好地理解现在的科学家在从事什么研究，要解决什么问题。下面，我以几个电影中引起大家关注的情节为例，介绍一下科学顾问是如何解决问题的。

太空电梯的缆绳会断吗

康斯坦丁·齐奥尔科夫斯基：现代航天学、火箭和宇宙航行奠基者

《流浪地球2》中最大的奇观之一就是太空电梯。有人好奇，太空电梯的缆绳不会被拉断吗？

太空电梯的概念由著名科学家康斯坦丁·齐奥尔科夫斯基在19世纪末提出。他认为人类离开地球有两种方式：乘坐火箭或乘坐太空电梯。而要建造太空电梯，就需要缆绳，缆绳上端连接着空间站。

空间站离地大约3.6万千米，外面还要有配重，配重要在约9万千米高的位置。正如观众所想到的，缆绳是否结实是个关键问题。

那么，在人类现有的材料中能找到合适的吗？比如钢铁可以吗？不可以。当缆绳长度从1米增加到10米时，钢铁还适用。但当缆绳长度增加到100千米，甚至上万千米时，问题就复杂了。

想象一下，我们把积木垒到20厘米高很简单，但垒到1米高就很难了，那垒到1千米高呢？材料的建造就像垒积木一样，是一个一个搭建上去的，当材料的量级从几米上升到几千米，乃至几万千米的时候，量变就会产生质变，材料的强度就远远不够了。科学家计算，搭建太空电梯需要的缆绳强度是钢铁强度的60倍以上，否则钢缆自身的重量就能将自己拉断，更不要说拉住上面的空间站了。

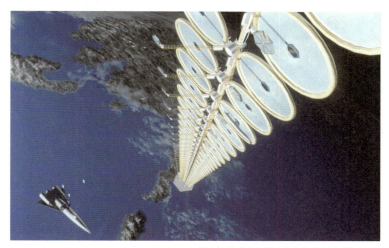

带太阳能发电卫星功能的太空电梯（概念图）

　　因此，产生疑问是件好事，顺着疑问往前走一步——只要往前多走一步，你就进入了科学的世界。有没有比钢铁更硬的材料？什么材料能在钢铁上留下划痕？金刚石可以吗？我们只要让思考向前一步，就有可能找到解决方案。

　　1991年，人们发现了一种纯碳纳米材料，它的直径只有1纳米，并且它的所有化学键与构成金刚石的化学键相同。1994年，我开始在实验室研究碳纳米管材料的生长，这是我的第一个科学幻想。这种材料的强度是钢铁的100~200倍，我们已经知道，缆绳的强度只要达到钢铁强度的60倍就够了。不仅如此，这种材料很轻，其密度是钢铁的1/6，非常适合被用作太空电梯的缆绳。

　　问题看似解决了，但还没有完全解决。科学层面的问题解决了，但在工程层面上，这是一个巨大的挑战。这种材料的微观尺度

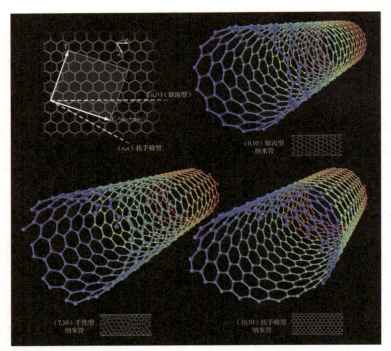

碳纳米管的几何学构造

是10^{-9}米，意味着1米长的材料中有10^{9}个原子。那么，10 000千米、36 000千米、90 000千米长的材料中有多少个原子呢？而且材料中绝对不能出现缺陷，这需要科学家和工程师付出巨大的努力。

在过去的30年里，中国科学家让这种材料从1微米长到1毫米，从1毫米又长到1米，但距离实际应用还有很长的路要走。不过我相信，只要我们持续努力，就有见到它成功的那天。

行星发动机的炉子怎么造

第二个引发热议的是行星发动机。有的观众认为，行星发动机不切实际，因为发动机的推力有可能将地球压垮。此外，行星发动机内部居然能发生重核聚变，地球上的材料能容纳这种发生在太阳里的能量反应吗？太阳核心产生核聚变的温度是1500万摄氏度，但要想在地面实现核聚变，温度一定要达到1亿~3亿摄氏度。烧制瓷器的温度只有1300~1400摄氏度，但已经很高了，二者之间差了不知多少个数量级。没有任何材料能够容纳这团火，哪怕能够点燃它，容器也会被毁掉。因此，很多观众说这个情节"不切实际""不可能"，是"瞎想"。

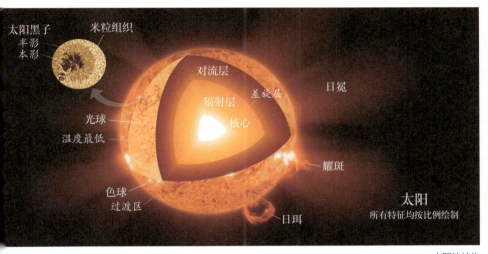

太阳的结构

我们可以多想一步：正在从事核聚变研究的科学家是怎么解决这个问题的？难道这个问题只在科幻电影中出现吗？在现实中当然有。事实上，目前从事核聚变研究的科学家们首要解决的问题就是怎样让炉子能够耐受1亿摄氏度的高温。在他们面前只有一条路可走：将这团火"束缚"起来，使它悬浮，不与容器接触。

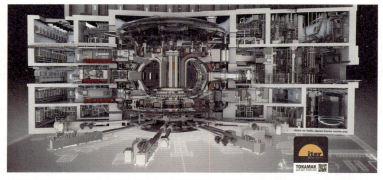

热核聚变需要通过名为"托卡马克"的装置实现。在托卡马克中，聚变燃料被放置在一个由磁铁包围的环形腔中。变压器作用在燃料中并产生电流，电流与环形场线圈一起产生螺旋磁结构，使热燃料远离壁面。图为国际热核聚变实验堆（ITER）的效果图，这是全球规模最大、影响最深远的国际科研合作项目之一

　　一些研究报道称，国内在核聚变领域有了突破，这团火能够做到400多秒不熄灭。这是怎么做到的呢？我们让燃料带电，让磁铁绕着它持续旋转。将燃料悬浮在一个周围都是磁铁的真空环境里，就有可能容纳这团火。如果核聚变能够在磁的约束下实现，那行星发动机就可以容纳重核聚变反应。

　　我国的两大实验装置EAST和HL-3正在努力地工作，科学家们将这团火悬在空中，试图点燃人造太阳。人类在核能利用领域不断地发展、前进，解决的正是大家关心的问题。

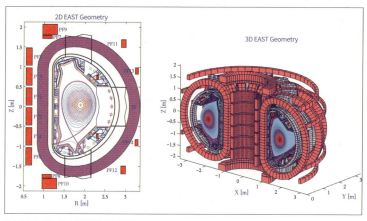

EAST的2D极向平面和3D切面

如何科学地炸掉月球

科学顾问不但要科学合理化电影里的场景，还要纠正其中的错误。炸掉月球是《流浪地球2》中相当有趣的部分，也是其中宏大的场景奇观。剧组最初考虑用"弹幕"的方式实现——通过高能炮弹密集轰击月球，将其炸碎。我们对剧组表示，如果用这种方式炸掉月球，每个弹头都要达到光速，并且需要上千万个这样的弹头，这不太可能实现。剧组听了之后"痛哭流涕"，但还是修改了剧情。美编、编剧等工作人员为了使剧情科学合理，对电影进行了大量更改，大约1/3的剧情因此改动。好在结果是完美的。

此处我们需要考虑一个问题：炸掉一颗行星需要多少能量？在过去的电影里，比如《星球大战》中，我们经常看到用一束红色激光炸掉一颗星球的情节，但在科学上这是不可能的，很多电影没有解决这类情节的科学合理化问题。

地球北半球所见的刚过满月的月球

物质能聚集成一颗行星，靠的是万有引力。因此，要将一颗行星粉碎，就要考虑如何让组成行星的各种物质逃离彼此的万有引力。基于此，我们估算出炸掉月球需要的能量——至少 10^{29} 焦耳，也就是 10 万亿亿亿焦耳的能量。人类现有的全部核弹能发射出的总能量是多少呢？我们不知道全世界具体的核弹数目，即使假设一个最大数值，计算结果仍然与粉碎月球需要的能量差了 9 个数量级：同时引爆地球上的所有核弹最多可以提供 10^{20} 焦耳的能量，但炸碎月球需要 10^{29} 焦耳。也就是说，即使向月球发射所有核弹，其效果也不过像一阵风吹过山岗，对月球没有明显影响。

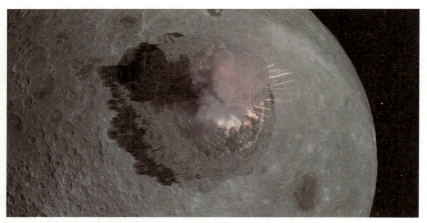

月球表面发生爆炸（3D渲染图）

　　那该怎么做呢？这就需要发挥想象力。我们必须明白：要想实现行星级的事件就一定需要行星级的能量。办法只有一个——让行星自己把自己毁掉。如果重核聚变是可行的，那么是否可以将地球上的所有核弹当成一根火柴，引燃月球内部的重核聚变反应，让月球自己爆炸？听到这个提议，剧组非常高兴。但我们"坏坏地"说：你们第一部炸了木星，第二部又要"点燃"月球，你们就是电影史上的"纵火犯"。

　　　　　　　　少年中国科技·未来科学➕·物理篇

最后，要将所有能量聚集在一起（这个想法也很疯狂），才能将月球点燃。怎样才能将所有核弹的能量聚集在一起呢？我们想到一项现实里经常会用到，但平时不太被注意到的技术——相位控制阵列。我们可能对这个名词比较陌生，但这项技术多应用在5G、Wi-Fi等通信领域。

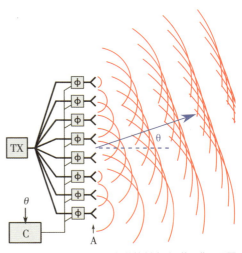

相位控制阵列天线工作原理图

我们对郭帆导演提出这项技术时，他的第一反应是："这是什么？"刨根问底一番，他做了一个生动的比喻：将这些核弹像饺子一样在盖垫上排成一圈一圈的样子，就叫相控阵。什么是相位？月球就有相位。月球有新月有满月，在某一时间点，月球会处于星轨的某一位置，我们就可以说，此时的月球处于某一相位，即"月相"。

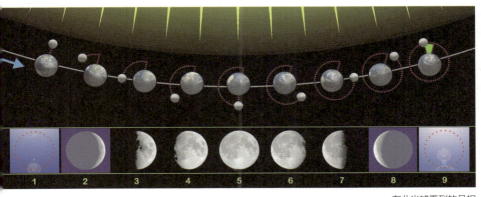

在北半球看到的月相

一个炸弹爆炸时会出现一个圆形的能量波，而两个炸弹在相近的时空内爆炸时，它们的能量波可能会相互干扰，表现为能量波的叠加、抵消或复杂的相互作用。也就是说，空间内某些位置的能量会增强，某些位置的能量会减弱。我们可以通过调整两个爆炸点的时序，调整能量增强的位置。如果是几千个炸弹一起爆炸，我们调整每一个炸弹的时序、相位，就有可能在空间上任意一点实现能量增强。

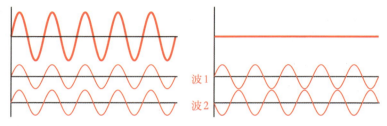

波的相长干涉（能量增强）和相消干涉（能量减弱）

我还给剧组画了参考图，图中月球表面放着核弹，这些核弹从外圈到里圈不断地引爆时，其产生的能量网能聚焦在月球表面300千米以下。考虑到所有的能量损失，只要只聚焦总能量的1/4或1/10，就可以在30米左右的范围内达到上亿摄氏度的高温。于是我们对剧组说："科学问题解决了，剩下的问题你们去考虑吧！"

在日常生活中，相位相干和相位控阵技术的应用并不少见，调节相位能够使能量和信息朝固定的方向传输。降噪耳机就是将这个概念反过来用——通过调节相位来减弱能量。

MOSS 在现实中可能存在吗

最后一个例子是电影里的重要角色，量子计算机 MOSS。

550W倒过来就是"MOSS"。550W加上大数据，就产生了人工智能。这里的关键是550W量子计算机的运算能力。对中国的科学家和技术人员来说，如何提高计算速度是一个需要持续探索的问题。

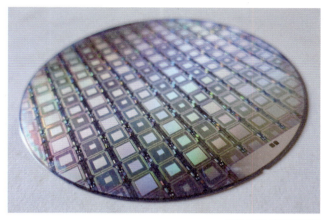

绝热量子计算机的晶圆

晶圆需要越来越大，晶圆上元件的尺寸需要越来越小。攻克这个问题的难点不仅在于技术层面，还在于物理层面。当尺寸减小到纳米的量级时，信息就有一定的概率直接穿过势垒，就像崂山道士的穿墙术，这就是量子隧穿效应。

当晶体管作为计算机的开关元件时，我们可以控制其电路的导通或关断。但在纳米尺度上，因为量子隧穿效应，我们无法对晶圆上的元件进行控制。怎么办呢？我在中国科学院的研究就是为了解决这个问题。如果无法对其进行人为的控制，能否利用量子效应，让其自己管理自己，调制信息的相位并优化信息的读取和存储过程？

我目前的研究课题是分子尺度上的电流传输。当分子小于1纳

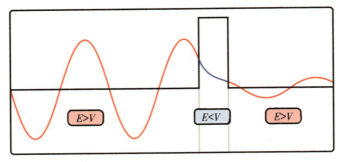

穿过屏障的量子隧穿

米的时候，其量子效应非常显著。这些信号的传输是非常"挑剔"的，只有当你的信息与它产生共振时，它才能通过，否则它就会关断。基于这个原理，我们可以对信息进行调整和过滤。此外，我们发现信息的传输是由一串电子而非一个一个电子的传输决定的。电子"手拉手"的传输会产生一些特异性能，比如增强振荡效应或减弱振荡效应。这些正在研究的课题可能会对我们的未来生活产生重大影响。

　　演员宁理，也就是《流浪地球2》里"马兆"的扮演者对我说，这部电影能够得到大家的喜欢，是因为我们在日常生活中就能看到很多科学发现。我们登上了月球，也在研究量子计算机。这个时代正在发生急剧的变化，我们也正在经历这样的变化。正是因为中国处于一个科技大发展的时代，我们才会认可这样的电影。在这样的时代，我们更应该勇敢地迎接挑战，拥抱机会，以人类的勇气和伟大的想象力，将幻想和科学实践结合在一起，创造人类更美好的未来。

思考一下：

1. 在科幻电影中，有些设定（如当下面临太阳氦闪）不科学，但为何仍有一定的价值？

2. 建造太空电梯在材料方面面临的主要问题是什么？科学家有何设想的解决方案？

3. 如果你是科学顾问，你会提出哪些创意性方法来科学合理地炸掉月球？

扫一扫，看演讲视频

天上和地下的"电"

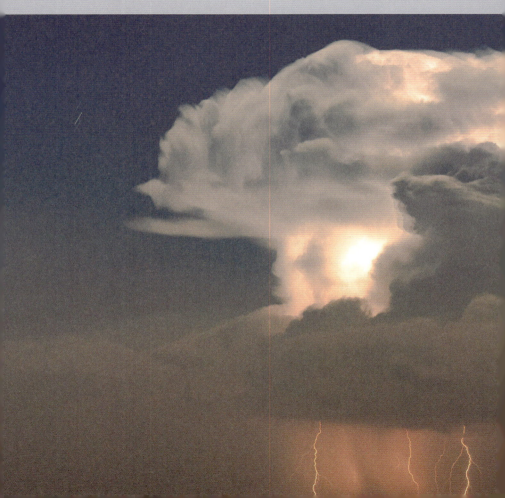

陈征
北京交通大学副教授

有一个东西特别有意思，我们每天都要跟它打交道，如果离开它，我们的生活会变得极其不便。这个东西就是电。

一提到电，很多人首先想到的就是摩擦起电。这个现象在生活中太常见了，你一定玩过用气球吸头发的游戏，但你有没有想过，摩擦起电和天上的闪电有什么关系？二者是一回事吗？

闪电和摩擦起电

你可能会说：既然一个叫闪电，一个叫摩擦起电，名字中都有"电"字，它们当然是一回事！但是，它们从外表上看差距实在太大了。在古代的人类文明中，天上的东西代表大自然的威力。在古希腊神话中，宙斯因为掌握闪电的力量而成为众神之王。在中国古代，人们发毒誓时会说："若违此誓，天打雷劈。"

用气球吸起头发的能量居然能够像天上的闪电一样毁天灭地，这实在太不可思议了。那么它们究竟是如何被联系在一起的呢？这是一个很值得探究的问题。

我们先来看汉字"电"的变迁。"电"字本意指的就是闪电的光现象，闪电还有声现象，"轰隆隆"的声音叫作雷。中国古代神话传说中有雷公电母，雷公带着一个类似鼓或锣的东西，"梆、梆、梆"地敲，于是有了雷声；而电母或者拿一面发光的镜子，或者拿一个凿子，砸出火花，于是有了闪电。

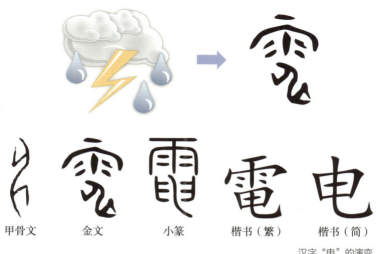

| 甲骨文 | 金文 | 小篆 | 楷书（繁） | 楷书（简） |

汉字"电"的演变

我们再来看摩擦起电。其实，早在古代，东、西方就都关注到这个现象了。在古希腊，科学家、哲学家泰勒斯注意到摩擦后的琥珀可以吸引小的物体，同时他还注意到，天然磁石也能吸引小物体。他推测这或许是因为它们拥有某种"灵魂之力"。中国古代王充的《论衡》中同样有记载，摩擦后的琥珀、玳瑁有吸引小物体的能力。

从吸引小物体这一现象看，摩擦后的琥珀和天然磁石很像。如今，我们知道它们不是一回事，一个是摩擦起电，而另一个则是磁

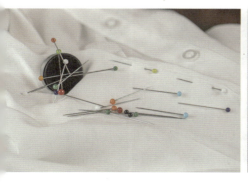

磁石（左）、琥珀（右）

力的作用。但古人没有今天人们的科学知识，人类真正弄清楚电的本质，实际上经历了漫长的过程。

什么是"电"

那么，近代科学是如何揭开电的神秘面纱的呢？

1600年，英国医生威廉·吉尔伯特出版了著作《论磁石》。他在书中称发现了一个有趣的现象：把天然磁石和摩擦后的琥珀同时放到水里，水中的天然磁石依然能够吸引小物体，但摩擦后的琥珀没有吸引力了。这说明天然磁石和摩擦后的琥珀能够吸引小物体的现象可能不是由相同性质导致的。

威廉·吉尔伯特与《论磁石》（扉页）

如果科学家发现了一个前人从未发现过的东西，此时，他的首要任务是什么？——给它命名。磁（magnet）的名字已经有了，那么一个物体经过摩擦后能吸引小物体的性质该如何命名？吉尔伯特为它取名"electric"，即电。

electric 源于拉丁语词根"elektron"，而 elektron 源自希腊文，指的是琥珀。简言之，electric 描述的就是琥珀摩擦后展现出的独特性质。在这个阶段，它与中文的"电"还不是一回事。

二者从什么时候开始变成一回事了呢？1660年，德国物理学家奥托·冯·格里克发明了一个巨大的摩擦装置，使一个大硫黄球高速旋转起来，只要保持摩擦就能持续制造出因摩擦而产生的"电"。

奥托·冯·格里克与他的发明

对奥托·冯·格里克这个名字，你可能不太熟悉，但他的身份你也许听说过——马德堡市市长。他就是发明了真空抽气机、进行了马德堡半球实验的科学家。附带一提，马德堡半球实验的确是由时任马德堡市市长的格里克做的，但实验地点其实是雷根斯堡。许多图书都把实验地点搞错了。

格里克发明了能持续产生电性的装置，激发了人们对该现象的研究热情。1729年前后，英国科学家斯蒂芬·格雷发现，摩擦产生的吸引小物体的"电"能够通过一些物体传递出去。他开始探究能传递多远的距离，以及哪些物体能够传递"电"，哪些不能。基于研究，格雷将能够传递"电"的物体称为导体，将不能传递的物体称为绝缘体。这是我们在小学阶段就会学习的概念，它们其实是格雷在1729年前后创造的。

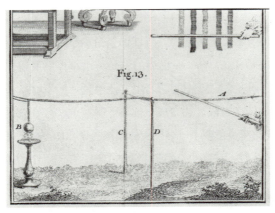

斯蒂芬·格雷关于电传导的实验

但是，这两个概念出现后，摩擦起电的"电"和天上的"电"看起来还是没关系，科学家们还在继续研究。

1745年，荷兰科学家彼得·凡·穆森布罗克和一个普鲁士人分别发明了最早能把摩擦产生的东西装起来的装置。穆森布罗克发明的装置叫作莱顿瓶。它之所以叫作莱顿瓶，是因为穆森布罗克是莱顿大学的教授。

简言之，莱顿瓶就是一个包着一层金属的瓶子，其内部有导体或金属，只要把两个电极连在莱顿瓶上，就可以把摩擦产生的东西传进去。人类有了第一个能够把摩擦产生的东西装起来的装置。

莱顿瓶

1746年，法国物理教师让-安托万·诺莱在巴黎圣母院广场上进行了一项引人注目的实验。他让一群人手拉手，排头的人握住莱顿瓶的金属球，排尾的人握住连接莱顿瓶内侧金属箔的金属线，所有人同时感受到电击，这一壮观的场面震惊了在场的所有观众。实验迅速风靡欧洲，它还有一个很浪漫的名字——电击之吻（electric kiss）。

从发现电到利用电

储存于莱顿瓶里的电在靠近其他物体时出现了火花——火花和天上的闪电看起来终于有些相似了。其实中国古代也有人注意到了这个现象，张居正的笔记中就有相关记载，冬天脱大氅时，裘皮大氅上会噼里啪啦地冒火花。于是，有人猜测：天上的闪电是不是也是由这个性质导致的？法国博物学家乔治-路易·勒克莱尔和美国物理学家本杰明·富兰克林在1750年前后进行了岗亭实验，富兰克林最早提出了方案，而勒克莱尔的实验更早。

他们竖起一根高大的金属杆，试图将天上的闪电引导至地面，而富兰克林则巧妙地利用风筝，将电流引入莱顿瓶中。相传在一个风雨交加的夜晚，一道雷电闪过，有电流顺着风筝线到达了富兰克林隔着一块丝绸握着的铜钥匙上，富兰克林觉得手微微发麻，于是他相信了天上的闪电和

艺术作品中的富兰克林引电实验

摩擦起电是一回事。

　　这个故事其实是假的。当时就有一位俄国科学家用类似方法做引雷实验而献出了生命。千万不要因为觉得富兰克林的实验能成功，就在雷雨天放风筝。事实上，富兰克林没有用手引电，而是将闪电引到了莱顿瓶里。

　　直到这时，闪电和摩擦起电的性质才在认识上达到了统一。中文的"电"和英文的"electric"才形成了对应关系。

　　在这之后重大的节点是18世纪末期，意大利医生和动物学家路易吉·伽伐尼在解剖青蛙腿时，发现青蛙腿突然抖动，他认为这是生物体自身产生的电现象。

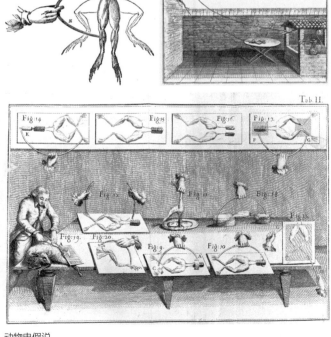

动物电假说

他的同事亚历山德罗·伏特不同意这个观点，但他没有和伽伐尼争吵。科学家与众不同的精神就是，我不同意你的观点，我要用证据说话——这种科学精神很值得我们学习。

伏特花了几年时间研究，他认为电应该来自金属，于是他对金属进行反复研究，并在1800年制造出人类历史上最早的、能够提供稳定电源的伏打电堆，这也是化学电池的鼻祖。

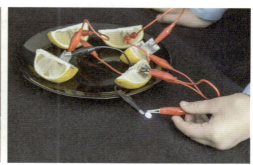

伏打电堆（左）、水果电池（右）

我们熟悉的水果电池、干电池、蓄电池，甚至是电动汽车使用的锂离子电池，归根结底都是化学电池，都源自伏打电堆。

有了化学电池，就有了稳定的电来源，科学家们就可以好好研究电了。

电和磁有什么关系

从1600年到1800年，人们用了200年的时间，认识到电和磁是两种不同的现象。但是，电和磁之间真的没有关系吗？

1820年，丹麦物理学家汉斯·奥斯特偶然发现放在通电导线周围的小磁针会发生偏转。这一现象立刻吸引了众多科学家的注意。

1821年，迈克尔·法拉第进行了著名的法拉第杯实验：向一个装有磁铁的容器内导入水银，然后插入一根导线。导线通电后，插入的导线会绕着磁铁旋转。在此基础上，1831年，法拉第正式建立电磁感应体系，为如今的大型发电机建立了理论基础，拉开了电气时代的序幕。

汉斯·奥斯特（左）、迈克尔·法拉第（右）

之后，人们对电的研究越来越深入，从最早的能量应用，到后来发展了电子学。我们的手机、计算机等设备都是利用电子来完成信息处理和信息传递的，而这一过程的理论基础就是电磁感应。

19世纪末，即1875年前后，詹姆斯·克拉克·麦克斯韦把当时电和磁的理论统一在一起，建立电磁理论，即麦克斯韦方程组。他预言电和磁是以电磁波的形式存在并传播的。这个预言在1888年被海因里希·赫兹证实。于是，我们有了无线电报、无线电话、Wi-Fi……这些都是电和磁的科技逐步深入发展的结果。

我们应当如何思考

今天，我们与电已经密不可分。想象一下，如果停电了，我们的生活会多么不便。2000年前，人们抬头看着空中出现的"天威"时，也许很难想象后来从中获取的知识会让生活变得如此便利，给生活带来巨大的改变。

　　在玩用气球吸头发的游戏时，你有没有想过其中的原理竟然给我们的生活带来如此大的改变？这就是科学的魅力。我们在面对看似平常的现象，比如摩擦起电和天上的闪电时，会理所应当地认为，既然它们都叫电，自然就应该是一回事了。事实真的这么简单吗？当然不是，我们要学会追本溯源。

　　电的中文是什么意思？它的英文又是什么意思？通过交叉比对，我们就能正确地理解这个概念。这并不意味着中文的概念一定是正确的，或英文的概念一定是正确的，抑或法文的概念一定是正确的。在不同语言相互转化的过程中，概念或多或少会发生变化，通过交叉比对，我们就能弄清其准确的含义。

我们再回顾一下当伽伐尼提出生物带电，而伏特不同意他的观点时，后者是怎么做的？伏特用实验证据说话，用自己的观察和思考寻找答案，最终用伏打电堆来支持他的观点。不过，这也不意味着伽伐尼错了。今天我们知道，生物电也是电的重要应用领域之一。

我们回顾人们对电的早期认知，并非为了学习有关电的知识，也并非为了记住某年某人做了什么——这些都不是关键所在。真正重要的是，我们要学会，在面对未知时，我们应该如何思考，如何行动。

思考一下：

1. 摩擦起电和闪电有什么关系？

2. 电和磁有什么关系？其理论在日常生活中有哪些应用？

3. 结合本篇内容，简述为什么说科学的进步往往源于对"平常现象"的深入探究。

扫一扫，看演讲视频

初识声音

张志博
中国科学院声学研究所研究员

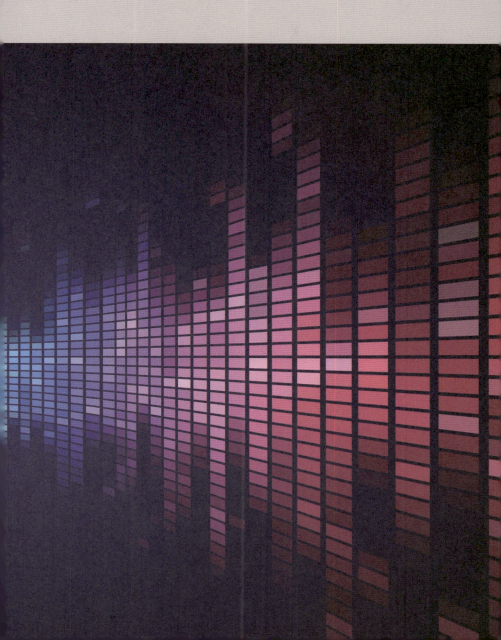

说到声音，我们一定都不陌生。声音无处不在，与我们的生活息息相关，但真正说到有关声音的科学知识，恐怕不是每个人都了如指掌。

初识声音

我们先来看一下声音的定义。物理学上，声音是由物体振动产生，通过介质传播，并能被人或动物的听觉器官所感知的波动现象。短短一句话，把声音的产生、传播及感知表述得清清楚楚。

声音是由振动产生的——大多数人应该都清楚这一点，但你是否真正注意过这种振动呢？

振动的音叉接触水面时会激起水花；在高清镜头下，各种乐器"翩翩起舞"；龙洗盆[1]的双耳被摩擦时，其内部的水花会激荡起来，

振动的音叉（上左）、振动的鼓面（上右）、振动的琴弦（下左）、鱼洗（下右）

---

1 古代用以盛水盥洗的器皿，用手摩擦两耳可产生振动，即可泛起水花。盆内饰有龙纹的被称为"龙洗"，饰有鱼纹的被称为"鱼洗"。

同时发出奇妙的声响。

"看着"这些声音，你是不是感觉很奇妙？声音以波动的方式向周围传播，而传播离不开介质，介质可以是固体、液体或气体。

如果周围没有介质，声音还能传播吗？科学家用真空钟实验来探究了这一点：将正在响铃的闹钟放入一个密闭的容器中，用压力表随时监测这个密闭容器内气体的压力。一开始，实验者能听到铃声。然后，容器中的气体逐渐被抽干，压力表的数值逐渐降低，这代表内部空气越来越稀薄。当压力值趋近于 -0.1 巴[1]时，容器内部接近真空。此时，实验者基本听不到铃声了。能看到闹钟的钟锤在敲击，却听不到声音，是不是很有意思呢？

因此，如果没有介质，我们就听不到声音了。

了解了声音传播的要素，我们再来了解一下声音的感知。提及感知声音，我们可能首先会想到耳朵，就连汉字"声"的繁体中都有"耳"（见右图）。

楷书

但我们能直观看到的耳朵，只是听觉系统中外耳的一部分，完整的听觉系统还包括中耳和内耳。听觉系统将声音从物理振动转化成大脑中的电信号，使我们能分辨出来这是一个人在说话，还是一段美妙的音乐。

我们之所以能听到丰富多彩的声音，是因为声音有3个特性，包括响度、音调和音色。这3个特性如果组合得好，就能形成一段美妙的音乐；如果组合得不好，就可能形成一段扰人的噪声。

科学上根据声音的音调，也就是频率的不同，将声音分成3个部分。频率低于20赫兹的声音，我们称之为次声；频率高于20 000赫兹的声音，我们称之为超声。这两部分声音，人类是听不见的。人类能听得见的是20~20 000赫兹的声音，我们称之为可听声。

---

1 1巴=100 000帕。

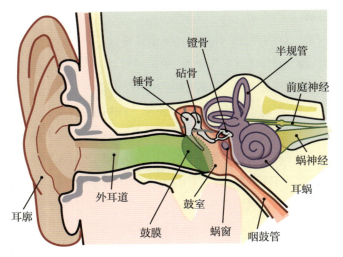

图中标注：镫骨、锤骨、砧骨、半规管、前庭神经、蜗神经、耳蜗、外耳道、鼓室、咽鼓管、蜗窗、鼓膜、耳廓

我们的听觉系统

科技之声

我们简要地了解了有关声音的知识。那么，声音到底给人类带来了哪些好处呢？

如果说学生要做的是学习已知的知识，科学家们要做的就是探索未知的知识，并将其转化成科学成果，造福人类的生活。你如果注意观察，会发现身边有很多产品与声音的科技有关。

例如，超声波牙刷利用超声清洗的特性，可以将牙齿刷得更干净，即使是藏污纳垢的死角也能覆盖。同理，超声清洗仪也是利用超声波的振动，将物体表面的污垢清除干净的，既高效又彻底。在医院里，B超仪（B型超声波检查仪）已经是非常普遍的医疗器械了，无论是普通的体检还是孕检，都离不开B超仪。B超仪也利用了超声的穿透力，在不损伤皮肤和肌肉的情况下穿透身体，"照射"在内脏器官上，同时形成反射波。计算机处理分析反射波，并形成图像，医生就可以了解身体内部的情况。现在，倒车雷达是汽车上常见的部件。虽然名字里有"雷达"两个字，但它利用的并不是无线电波，而是超声波。倒车雷达通过超声波探测物体，从而发现障碍物并判断距离，为我们的行驶和停车提供安全保障。

超声清洗仪（左）、B超仪（中）、汽车的倒车雷达（右）

在我们身边，声学科技的应用非常广泛，以上都是十分常见的应用。接下来，我来介绍几个不太常见的应用。

广场舞扰民的问题经常见诸报端，引起热议。现在我们可以将可听声调制在超声上，使声音具有更强的指向性。简而言之，就是使声音让更少和更小范围的人听到。有了定向音箱，特定区域内的人就可以听着音乐载歌载舞，而其他区域内的人可以不受音乐的干扰，享受安静的生活。博物馆、图书馆等需要保持安静的场所，也是定向音箱的用武之地。

传统音箱和定向音箱

高铁车厢也应用了很多降噪技术，但乘客们希望能够享受更加私密和安静的环境。于是，科研人员将主动降噪技术应用于座椅的头靠上，通过采集设备采集周围噪声的信号，然后生成与噪声振动相反的声波，从而抵消噪声的影响，为乘客营造更加私密和安静的空间。

此外，我们置身于华丽的音乐厅时，是不是会产生疑问：这里有没有与声音相关的科学知识呢？不但有，而且有很多。

建筑声学是一个非常专业的科学领域，小到墙上贴的吸声材料，大到整个建筑物的结构设计，都与各种声学科技息息相关。只有考虑到各种声学因素，才能给坐在音乐厅里的听众带来最好的听觉享受，带来一段真正"绕梁三日"的音乐之旅。

也许你想不到，在石油勘探行业里，声学科技的应用也十分广泛。科学家们利用人造地震波对地层进行探测，通过分析和处理反射波来推测地层结构，从而确定哪里可能有石油，哪里可能有矿产。

当然，声音除了可以检查人类的身体，还可以检查物体的"身体"——超声探伤应运而生。金属物体和重要零部件不易拆解或破坏，因此人们借助声音的手段对其内部进行探查，利用超声的穿透力发现物体内部是否有裂缝，是否有损伤。例如，对铁轨进行超声

在施工现场，技术人员正在使用超声波相控阵仪器检测管道焊缝是否存在缺陷

探伤可以确保列车行驶的安全；对重要的零部件进行超声探伤，可以保证机器运转得更安全可靠。

声音在水下的应用也不少。声呐就是水下设备的"千里眼"和"顺风耳"。

2020年11月10日，我国自主研发的深海载人潜水器"奋斗者号"，成功坐底世界最深处的马里亚纳海沟，创造了10 909米的中国载人深潜新纪录。这一壮举使得举国兴奋，从"蛟龙号"到"深海勇士号"，再到"奋斗者号"，这些潜水器是如何在漆黑一片、暗礁林立的深海中行动自如的呢？它们依靠的正是各种声呐系统。

假设在一个伸手不见五指的漆黑夜晚，你驾驶着一辆汽车行驶在茫茫荒野中，你最想知道什么呢？一定是"我在哪里""我该怎么

"奋斗者号"在其母船"探索一号"上

走""我如何与家人联系"。深海的潜水器们也要回答这几个问题，它们通过先进的水下声学系统完成深海中的导航、定位和通信。

为什么在海水中要用声音呢？

电磁波在水下衰减得非常厉害，因此在水下利用无线电不太现实，而光学手段在水下又会变成"近视眼"，观察范围不过几十米。因此，要想在深海中进行远距离的导航、定位和通信，声学手段是最佳方式。

这些深潜器上到底都有哪些声学设备呢？下图是"蛟龙号"上的声学系统分布图，"奋斗者号"上也安装了以下几类声学系统：

- 与水面进行通信的水声通信机；
- 进行海底地形地貌探测的高分辨率测深侧扫声呐；
- 用来探测前方目标物防止发生碰撞的成像声呐；
- 用来测量潜水器对底速度的声学多普勒测速仪；
- 用来测量周围物体的距离避碰声呐；
- 用来对整个深潜器在水下位置进行定位的超短基线定位声呐。

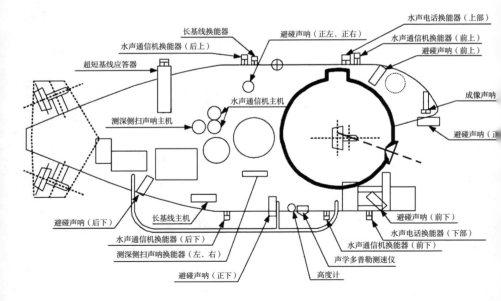

　少年中国科技·未来科学➕·物理篇

水下的通信机可以将深潜器的各种参数回传至母船，还可以在母船和深潜器之间建立语音通信，甚至可以将深潜器采集到的图像实时传到后方。测深侧扫声呐及成像声呐可以对海底的地形地貌进行探测和成像，为深潜器在深海中的航行提供安全保障。同时，这些地形地貌数据也为后面的科学研究提供了科学数据和依据。难能可贵的是，"奋斗者号"目前的声学系统已经实现了完全的国产化。

数据和图像回传

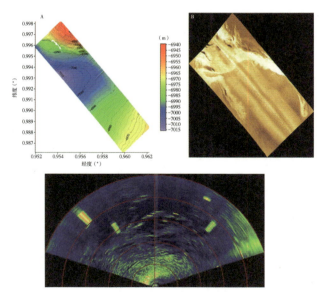

海底地形地貌探测成像

如果说深潜器潜入海中完成的是"大海捞针"的任务，那么声学系统则是完成这项任务的"定海神针"。

自然之声

最后，我们回到大自然中，看一看自然界有哪些应用声学手段十分高超的能手吧！

安哥拉的一场暴雨吸引了150千米以外纳米比亚的大象前来饮水。这是为什么呢？暴风雨形成时，会产生低频的声波信号，即次声波，而大象能够感知到这类次声波，于是数百千米以外的大象就循着次声波前来饮水。此外，大象甚至可以用脚踏地的方式产生一些低频信号，并用这些低频信号进行远距离通信，就像人类打长途电话一样。

蝙蝠则是利用超声波的高手，它们可以发出超声波，超声波打在物体上或猎物上，会形成反射波。蝙蝠通过分析反射波，就可以

知道猎物或者物体的位置或距离，从而能够在漆黑的夜空中灵巧地飞行和迅猛地捕捉猎物。

大海深处也有一位利用声学技术的高手——海豚。海豚额头的一个特殊部分可以发出声波。声波发出后，遇到物体时会形成反射波。海豚再利用下颚处的结构接收反射波，就能知道物体或猎物的具体位置。于是，海豚就可以在茫茫的大海深处，自由遨游，敏捷地捕捉猎物了。

除了海豚，海洋中还有一种小动物也是利用声学的高手。接下来，我用评书的形式来讲一讲它的故事：

深深海底安个家，枪不离身闯天涯，空化气泡威力大，一言不合把枪拔。

话说这大海深处是藏龙卧虎，人才济济，会利用声音的高手层出不穷，今天，我就给大家带来一位小精灵——虾。

有人就说了：这虾我可熟悉呀，齐白石笔下的虾，那是栩栩如生；麻辣小龙虾，那是美味诱人。

但诸位有所不知，今天我要说的可不是普通的虾，这位可以称得上是虾中的怪杰，江湖人送绰号："海底小枪手"。

它是谁呢？它就是枪虾。

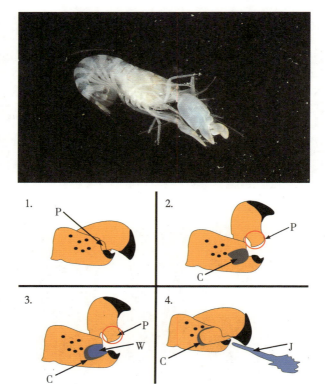

枪虾及其大螯的结构。图1：大螯闭合时，柱状凸起（P）隐藏。图2：螯打开后，露出柱状凸起和腔室（C）。图3：水（W）进入腔室。图4：大螯闭合，柱状凸起被推入腔室，迫使水柱（J）从腔室中流出

  说枪虾怪是一点儿不假，因为枪虾拥有极不对称的一只大螯和一只小螯，体长5厘米左右的枪虾，大螯就占了身体的近一半。而且这大螯还是把天然的手枪，只不过打出的不是子弹，而是水弹。大螯快速闭合挤出水流，速度高达100千米/时，要是汽车以这个速度在北京四环路上跑，早就超速了。

  大螯还能形成一种特殊的"气泡子弹"，气泡崩裂瞬间，能形成80千帕的高压和210分贝的声响。这是什么概念呢？80千帕，相当于8米多高的水柱压力；210分贝——这么说吧，真正的枪声也不过150分贝左右。

科学家们还发现，枪虾"打枪"时还能发光，气泡子弹崩裂瞬间，其内部温度可以激增至4500摄氏度左右，这几乎相当于太阳表面的温度了。

声、光、热、冲击波，样样俱全，气泡子弹要击晕那些小鱼小蟹，简直易如反掌。

其实，这背后蕴藏了一个特殊的物理学现象——空化现象。液体压力突然变化时，溶于液体中的气体就会形成一个个微小的低压气泡，这就是空化气泡。气泡迅速膨胀，又快速塌缩，直至崩裂，崩裂的瞬间能形成冲击波、声响、局部的高温高压甚至是发光现象。

这些气泡跟普通气泡有什么区别呢？

我们来看一个对比实验。家用的鱼缸加氧机能产生又多又大的气泡，而超声清洗机在超声波的持续作用下，会形成很多细密微小的气泡。我们将相同材质的锡箔纸分别放入这两个容器中，三分钟后观察。

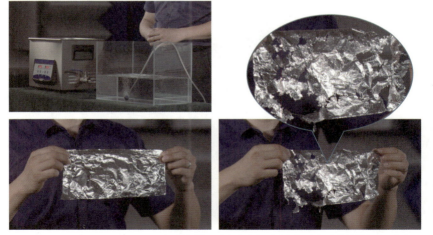

超声清洗机和鱼缸加氧机（上左）、鱼缸中的锡箔纸（下左）和超声清洗机中千疮百孔的锡箔纸（下右）

我们发现，鱼缸中的锡箔纸受到大气泡的作用毫发无损，而超声清洗机中的锡箔纸已经被这些微小的气泡打得千疮百孔，体无完肤。

其实，超声清洗机中的小气泡和枪虾的气泡子弹一样都是空化气泡，所以威力惊人。

那么，空化气泡有什么作用呢？正如上文所说，超声清洗机正是利用了空化气泡的冲击力，将物体表面的污垢除掉的。不过，空化气泡也有其弊端，螺旋桨旋转时也会产生空化气泡，日积月累之下，会对螺旋桨造成损伤，严重时甚至会引发航行事故。

螺旋桨的损伤

这小小的枪虾不简单吧？小小的空化气泡更是让我们大开眼界。

这一回，我们暂且说到这里。说天说地说科学，做人做事做普及。要知后事如何，且听我下回分解。

思考一下：

1. 声音是什么？它有哪些特性？

2. 作者提到了超声波在日常生活中的哪些应用？再举几个你生活中的例子。

3. 为什么空化气泡有如此大的破坏力？

4. 动物界还有哪些利用声音的高手？

5. 你眼中的"声音科学"是什么？

扫一扫，看演讲视频

摩擦能消失吗

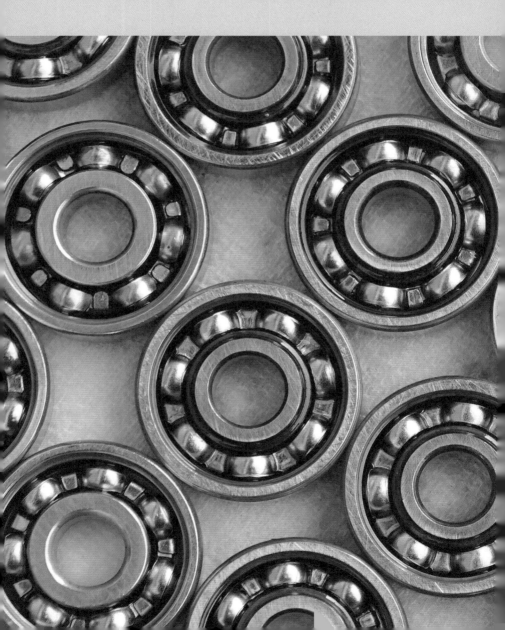

雒建斌
中国科学院院士、清华大学机械工程学院特聘教授

我们都非常熟悉摩擦。日常生活中，摩擦几乎无处不在，很多时候，摩擦也必不可少。你好奇过摩擦是怎么产生的吗？你想象过一个没有摩擦的世界吗？你也许觉得这个想法相当奇怪，那么，在现实世界里，摩擦真的能消失吗？

"摩擦学精确定量的摩擦试验是非常困难的，尽管有经过精确分析的大量数据，但是摩擦定律仍然没有分析得很完善。"

——理查德·费曼《费曼物理讲义》

事实上，很多科学家也想过这些问题。研究摩擦和致力于让摩擦消失的科学家们不在少数，甚至还发展出了一门相关的学科——摩擦学（Tribology）。

从给摩擦建立一门学科可以看出，摩擦现象可能不像我们通常认为的那么简单。事实确实如此。

摩擦为什么这么复杂呢？因为在实际的摩擦过程中不但有摩擦化学反应和物体的变形，还会发射出各种光（甚至X射线）和微等离子体（见左图）。我们先来了解一下摩擦研究的历史。

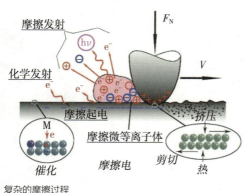

复杂的摩擦过程

摩擦学的创立

1966年，现代摩擦学的奠基人之一彼得·约斯特在英国做了一个调查，其内容是摩擦、磨损及所需的润滑会对英国造成多大的损失。调查结果就是摩擦研究历史上著名的"约斯特报告"[1]。报告称，保守估计，仅在英国，如果采用当时已有的相关知识去解决工业中有关的摩擦、磨损和润滑问题，每年就可节约大约5.15亿英镑——凸显了加强该领域研究和应用所能带来的巨大经济效益。

这份报告引起了英国政府对摩擦问题的高度重视，促使英国政府建立了几个国家研究中心来专门解决摩擦问题，也推动了摩擦学作为一门独立学科在国际上的发展。

还是在这份报告中，约斯特把摩擦、磨损和润滑三方面的内容聚集起来，创立了一门新的学科——摩擦学。他认为，摩擦学是一门研究相互运动、相互作用的物体表面的理论实践的科学技术。

后来，人们逐渐认识到了摩擦学研究的意义。根据新的调查，一次性能源的消耗中，大约有1/3是通过摩擦消耗掉的，并且80%的装备都因为磨损而失效。摩擦和磨损共同造成的损失通常相当于一个国家GDP的2%~7%。假设，我们仅以5%来计算，2019年我国的GDP约为99万亿元，那么我国因为摩擦和磨损造成的损失就高达4.95万亿元，这是一个非常惊人的数字。

实际上，在社会的方方面面，如航空航天、芯片制造、生物研究、高铁建造、军事等诸多领域，摩擦学都有广泛的应用。

---

1 全称为《润滑（摩擦学）——关于现状和行业需求的报告》[Lubrication (Tribology) – A report on the present position and industry's needs]。

摩擦学涉及诸多领域

摩擦的起源

在探索摩擦学之前，我们先来了解一下人类对摩擦认识的起源。

回溯人类历史，最著名的对摩擦的应用之一，恐怕就是钻木取火了——用硬木头在软木头上摩擦，温度上升，最后引燃可燃物。人类学会控制火之后，就从野蛮走向了文明。人类祖先还发明了雪橇，以便在雪地里更快地移动。后来出现了有轮子的车，车轮的发明使滚动摩擦代替了滑动摩擦，让人类的生产有了很大的进步。不过，人类真正科学地研究摩擦问题，还要从达·芬奇算起。1967年，达·芬奇关于摩擦力的手稿被发现，这份手稿说明他早在15世纪就已经开始研究摩擦，并提出物体与平面的摩擦力大约是物体重量的1/4。

燧人氏钻木取火（左）、东晋陶牛车（右）

摩擦真正上升到科学层次进行探索，则是在17世纪。当时，法国物理学家纪尧姆·阿蒙顿在法国科学院做了一个报告，他认为摩擦力只与载荷（正压力）有关，与接触面积无关，这在当时的科学界引起了非常大的震动。因为那时大多数人都认为物体之间接触面积越大，摩擦力肯定越大。为什么阿蒙顿说摩擦力与接触面积无关，与正压力有关呢？经过实验和探讨，他认为，摩擦是由物体表面的凹凸不平造成的。

后来，英国自然哲学家、物理学家约翰·西奥菲勒斯·德萨古利埃提出，摩擦与凹凸无关，与分子间的黏附力有关系。他做了一个很巧妙的实验：将一个小铅球和一个大铅球都切出平面，再把两个面对摩，小铅球就可以把大铅球拉起来，并且大铅球不会掉下来。这说明分子间的黏着力、吸附力非常强，摩擦就是因此产生的。

18世纪，法国物理学家夏尔-奥古斯坦·德·库仑做了一个著名的装置实验，这个实验后来被称为近代物理十大实验之一。通过实验，他得出结论：摩擦是由凹凸不平的两个表面嵌在一起产生的。并且，他提出了摩擦学的古典四大定律：摩擦与（垂直于两表面之间的）正压力有关；摩擦与两表面之间的接触面积无关；最大的静

摩擦能消失吗

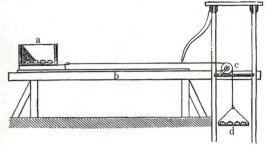

库伦和他的经典摩擦力实验装置

摩擦力大于动摩擦力；摩擦力大小与（接触的两表面之间的相对运动）速度无关。

一方面，摩擦力与面积无关，与接触压力有关；另一方面，摩擦与分子的黏着力有关，与接触面积有关。两个理论各执一词。

1939年，苏联学者伊戈尔·维克托罗维奇·克拉盖尔斯基把这两个理论统一起来。他认为摩擦力等于正压力造成的摩擦力与分子间吸附造成的摩擦力之和，不过，他依然没有把摩擦力的本质讲清楚。

20世纪40—50年代，剑桥大学两位教授，弗兰克·菲利普·鲍登和戴维·泰伯合作提出了分子黏附模型。他们认为摩擦力与真实接触面积有关，与名义接触面积无关；摩擦力主要取决于真实接触面积，因为正压力增大，真实接触面积变大，所以摩擦力变大了——

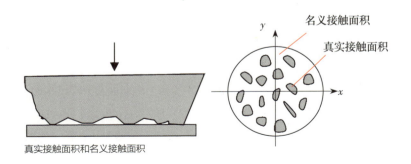

真实接触面积和名义接触面积

从机理上把这两个理论统一在一起了。

以上就是科学家从宏观角度对摩擦力的探讨。

1929年，有科学家从微观角度探讨摩擦，其中最著名的成果就是汤姆林森模型（见下图），它由德国物理学家路德维希·普朗特提出：C和B是两个原子，还有一个D原子，如果D原子距离B原子较远，D原子从B原子的旁边靠近，D原子就会把B原子拉近，而当D原子远离B原子时，B原子又会弹回。

这是一个稳定的过程，其中没有任何能量消耗，也就不可能有摩擦。但是，如果D原子距离B原子较近，它靠近时就会把B原子拉过来，当它远离B原子时，B原子突然回弹会引起自身的弹性振动。这就相当于B原子在不断地振动，一旦振动就消耗了能量，就有摩擦损失。

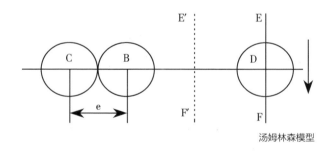

汤姆林森模型

由此，普朗特提出摩擦起源的原子模型，但在当时这个模型无法被验证。

1986年，格尔德·宾宁及其同事发明了原子力显微镜。因其对扫描隧道显微镜和原子力显微镜的发明贡献，宾宁在1986年获得了诺贝尔物理学奖。有了原子力显微镜，人们就可以研究原子级的摩擦了，汤姆林森模型也因此基本上被证实了。

后来，超快激光被发现，人们得以研究摩擦过程中的声子耗散[1]、电子耗散[2]，以及结构的演变。研究摩擦力的所有科学家都有一个梦想：掌控摩擦，或者消灭摩擦。

固体超滑

有了梦想，科学家们很快就付诸行动了。

很快，1990年日本学者广野敏雄做了一个理论分析，他认为，如果有两个原子级光滑的表面，当其上下表面的原子处于公度状态，就存在摩擦；处于非公度状态，就不存在摩擦。

公度和非公度又是什么？例如，上表面的两个原子间距是2，下表面的两个原子间距是2或4，由于两个平面之间有公约数，两个表面的原子可以互相嵌入，这时就称表面处于公度状态，两个表面相对运动过程中就有能量损耗；如果一个表面的原子间距是2，另一个表面的原子间距是3，两个数相除是无理数，即互质，两个表面的原子就无法互相嵌入，而是在表面"悬着"，运动过程中摩擦就会消失。

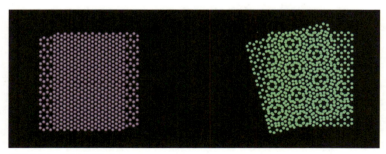

公度（左）、非公度（右）

---

1 声子耗散，指声子在晶体中传播时，与其他声子、杂质、缺陷以及晶体边界等相互作用，导致声子的能量逐渐损失并转化为其他形式能量（如热能）的过程。
2 电子耗散，指电子在材料中传输时，与晶格振动（声子）、杂质、缺陷以及其他电子等相互作用，导致电子能量损失的过程。

这是理论计算的结果，本质上与汤姆林森模型一致。

此后，科学家通过实验发现，在非公度状态下，摩擦力的确会大幅降低或接近于0，但理论物理学家对它还持一定的怀疑态度，希望它能进一步得到实验证实。

我们用钢和二硫化物在低温状态下对摩，摩擦系数实现了0.0001的突破——比常规摩擦系数降低了约两个数量级，也就是说出现了超滑[1]。

我们还在二维材料上进行了实验:采取化学气相沉积技术[2]，在二氧化硅球表面生长几层石墨烯，然后将长了石墨烯层的二氧化硅球粘在悬臂上，我们就有了带石墨烯的悬臂。下平面可以使用石墨烯或其他材料。

我们发现，如果用二氧化硅球对摩二氧化硅表面，摩擦系数非常大，一般为0.6左右；如果二氧化硅表面包覆石墨烯，再与石墨烯或高取向石墨对摩，就能使摩擦系数降到0.003，可以说实现了超滑。接下来，我们在真空条件下使用这个方法，让摩擦系数降到了0.000 02，这是非常有意义的事。

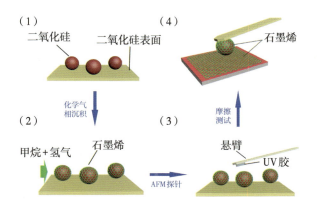

---

1 工程学认为，只要有摩擦系数数量级的降低，就可以说出现了超滑。
2 化学气相沉积，指利用气态的先驱反应物，通过原子、分子间化学反应，使得气态前驱体中的某些成分分解，在基体上形成薄膜等固态沉积物。

这个方法后被誉为实现固体超滑的六大方法之一。

酸奶超滑和莼菜超滑

既然实现了固体超滑，那么在液体上，我们能否实现超滑？

早在1938年前后，苏联物理学家彼得·卡皮查就做过超流体。他把 He II[1] 降到约 2.17K，也就是 −270 摄氏度左右。他发现，这时 He II 流体几乎没有流动摩擦了，它的黏度[2] 大概是水的一亿分之一，物理界称之为超流体，这也是一种超滑态。

问题是，虽然在物理上这叫作超流，但对摩擦学的应用没什么用。因为摩擦学界以降低摩擦为核心任务，降低摩擦可以降低能耗。然而，把系统温度从常温下降到接近绝对零度的过程本身就需要大量的能耗。

因此，能不能在常温下实现超滑，是我们非常关注的一个问题。

20世纪90年代，以色列科学家在常温超滑领域实现了突破：他们在两个云母片之间置入分子刷[3]，再加上盐水磨合，超滑出现了。不久后，日本科学家向两个陶瓷表面加水，在磨合了两个多小时后，超滑也出现了。这两个超滑现象的出现推动了超滑的研究，但大家仍然认为这离应用还差得很远。

1996年，我获得第一个自然科学基金项目时（当时博士刚毕业），做的就是超滑研究。我的设想是，在二氧化硅表面注入同样的电荷，让它形成一个同种电荷斥力场，再诱导中间的液体分子形成排列，实现超低摩擦。然而，我们在实验中向表面注入电荷时，

1　He II，指氦的第二种同位素形成的液态氦。
2　黏度是流体抵抗流动的一种性质，表征了流体内部相邻层之间由于相对运动而产生的内摩擦力的大小。
3　分子刷是一种特殊的聚合物结构，因其外形类似刷子而得名。

发现两个表面一接触就会吸在一起，掰都掰不开。这是为什么呢？我们发现，原来是因为表面电荷发生了迁移。这也意味着实验失败了。

2008年，我们的学生发现酸奶的某些成分和以色列科学家的超滑材料有点儿相似。于是，他把酸奶加到实验机上测试摩擦系数的变化，发现摩擦系数降到了0.002左右。他马上向我们汇报：这是不是意味着超滑出现了？

于是，我们分了几个研究组去研究酸奶里的乳酸菌、乳酸、蛋白质、微量元素等成分对超滑的影响。有个学生甚至因为天天研究乳酸菌，整天在显微镜下看乳酸菌，现在基本上不怎么喝酸奶了。

从实验结果来看，酸奶有时可以实现超滑，有时又实现不了。例如，在实验机反向旋转后，超滑就消失了，这说明酸奶超滑是一种微现象。虽然实验失败了，但我们至少知道了酸奶的摩擦系数突降是真实存在的。

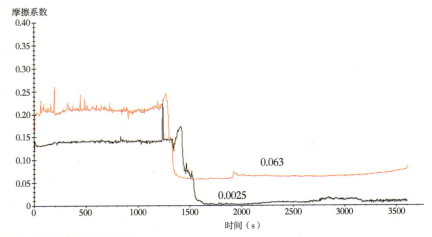

摩擦系数

0.063

0.0025

时间（s）

酸奶的摩擦系数随时间的变化

接下来，我们开始研究摩擦系数突降的原因。我们发现，将磺酸和丙三醇混合放入实验机，超滑就会出现，并且实验结果非常稳定。只需要磨合10分钟左右，摩擦系数就能达到0.0028。

有一次我在杭州吃莼菜（见下图），发现莼菜用筷子怎么也夹不住，只能用勺子舀着吃。我就让学生做做实验，看有没有超滑的可能。实验发现它可以让摩擦系数降至0.005，这说明它也是一种超滑材料。

揭示超滑机理

你也许听说过磷酸，它在工业领域是一种常见的腐蚀剂。除了作为腐蚀剂，我们还发现，磷酸也有非常理想的超滑性能。达到超滑状态的时候，磷酸能让磨损接近于零，是一种非常优越的超滑材料。

磷酸超滑给了我们很大启迪：磷酸是怎么实现超滑的？它的机理是什么？一旦机理得以揭示，很多可能的超滑材料就会合成出来。我们的学生李津津就在这方面做了重要工作——他发现了流体动压效应会形成超滑。

简单来说，在冲浪的过程中流体动压效应就在起作用，流体动压效应可以把冲浪板支撑起来。

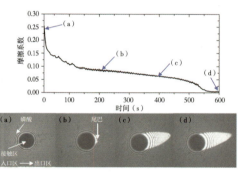

相应地，有没有非流体效应的超滑？当然有。我们通过实验发现，用聚四氟乙烯和蓝宝石进行对摩，不用经过任何磨合过程，也不用形成任何动压效应，就会有超滑现象出现。

这在机理上怎么解释？一种可能原因是水合作用——金属正离子吸附水分子在周围形成水合层，水合作用越强的液体，就越容易实现超滑。只不过，水合作用的效用距离非常短（几纳米），而实验中的膜厚度通常有几十纳米。因此，我们展开了进一步研究，从实验结果来看，这可能与双电层作用有关。

双电层作用是指两个表面上的同种电荷形成的斥力分担了表面之间的一部分压力。双电层（斥）力也可实现超滑，我们就可以根据超滑机理，控制超滑的出现和消失。

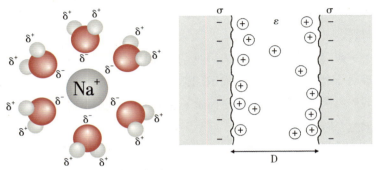

水合作用（左）、双电层（斥）力（右）

　　到这里，我们可以大致归纳超滑的三种机理：双电层作用、流体动压效应和水合作用。其中，前两种机理是由我们的研究组提出来的。根据对这些机理的掌握，经过多次实验，我们对酸溶液、碱溶液、"酸+醇"溶液、油基等一大批液体都实现了超滑。

超滑的"比萨斜塔"要稳住

　　液体超滑实现了，但客观地说，想要推广应用，科学家们必须解决一个矛盾：减少摩擦，需要弱的分子间作用；承受载荷，需要强的分子间作用——否则在载荷的作用下，液体就流到外边，润滑就失效了。简言之，既要弱的分子间作用，又要强的分子间作用。
　　解决这个矛盾才是超滑应用研究的关键。如果这个关键问题解决不了，超滑的"比萨斜塔"就会倾倒。
　　正如以上实现了超滑的材料，它们的承压范围仅在300兆帕以内，对工业应用来说，是远远不够的——要真正在工业领域大批量应用，就要把超滑材料的承载能力提高，甚至要提高到1吉帕[1]以上。

于是，我们又做了新的尝试，提出了固液耦合超滑：石墨烯用化学气相沉积加强表面修饰，将黑磷放到液体里进行表面修饰，验证承载能力是否会提高。

经过尝试，我们分别将其承载能力提高到600兆帕[2]和1吉帕以上，最终实现了高承载能力超滑。

国际上现在有三大研究组在这个领域领先：一个是以色列的克莱因小组；一个是日本的足立小组，他们都在超滑特性研究方面做出了显著贡献；还有一个就是我们的研究组。

从溶液体系来看，我们的研究规模已经非常庞大了。国内的液体超滑方向的论文主要都是我们的研究组发表的。2005年前后，我国在超滑领域发表的论文数量就已经相当于世界其他国家的总和了。这几年，我们的论文数量已经超过了世界其他国家论文数量的总和。从承载能力来看，克莱因小组的研究结果能做到约70兆帕，足立小组能做到约100兆帕，而我们的研究组已经做到了1吉帕以上，承载能力真正实现了数量级的提高。

"超滑世界"会是什么样的

一项研究显示，如果仅是将全球小汽车发动机的摩擦系数降低到现在的18%，每年就可以节约5400多亿元人民币的燃油损失，以及减少2.9亿吨的二氧化碳排放。如果摩擦系数降低不只是降低到18%，而是呈数量级降低呢？

1　1吉帕=10^9帕。
2　1兆帕=10^6帕。

如果我们穿越回到公元前1800年的埃及，就会看到如下图所示的宏大场景：当时的人们使用润滑技术和滚动技术，通过上千人拉动，最终移动了一座60吨的巨型雕塑。这在当时甚至现在，都是很震撼的一件事。

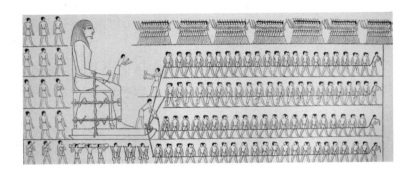

假设超滑能让摩擦系数降到0.0001，那么拉动这个雕塑需要的力量大小相当于提起一个6千克的物体，一个小孩就可以拽着它跑。

钻木取火使人类从野蛮走向了文明，滚动摩擦代替滑动摩擦（现代轴承的发展）催生了现代工业。未来，近零摩擦和近零磨损会有更广阔的前景。超滑应用的大门已经打开，并逐步向工业界推广。

思考一下:

1. 简单介绍人类对摩擦认知的发展。

2. 什么是超滑现象?

3. 超滑现象的三种机理是什么?

4. 想象一下,超滑技术还可以应用在哪些领域呢?

扫一扫,看演讲视频

薛定谔猫的
生死之谜

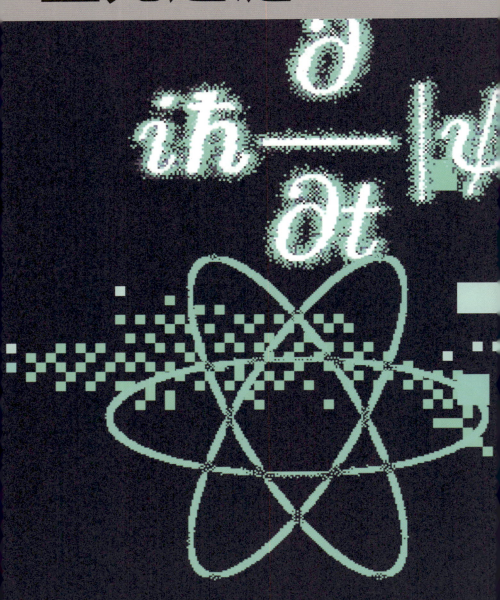

曹天元
科普作家

我们应该都听说过"薛定谔的猫",现在已经很少有人会认为这是姓薛的大爷养的一只猫了。这只著名的既生又死的猫究竟存不存在?如果存在,那么它到底是生是死呢?

从量子叠加态展开来说

假设我抛出一枚硬币,然后接住它,在我没有看这枚硬币的时候,它处于什么状态?你也许会说,它要么正面朝上,要么反面朝上。如果将这枚硬币缩小到电子大小,情况会不同吗?

从3经典物理角度来看,这枚硬币一定有一个确定的状态——要么正面朝上,要么反面朝上。而量子物理则认为,在我没有看这枚硬币的时候,这枚硬币处于"既正面朝上,又反面朝上"的状态,也就是"量子叠加态"。

下面换一个问题:"电子在哪里?"你也许会将电子想象成一枚硬币。如果电子是像硬币一样的物质,那么它也必定存在于确定的位置——要么在这里,要么在那里——无法同时存在于两个地方。但量子物理认为,在电子没有被观察的时候,它处于"既在位置A,又在位置B"的叠加态。

为什么一个电子会既在这里,又在那里?这太奇怪了。不过,如果我换一个对象,问你"声音在哪里",这个答案是不是就没那么奇怪了?

一个人发出的声音肯定会既在这里,又在那里。因为作为一种波,声波必然可以充斥整个空间,到达每个人的耳朵里。同理,量子物理之所以认为电子既在这里又在那里,是因为在量子物理的观点中,无论是电子、光子,还是原子——任何粒子都既有粒子的性质，又有波的性质，也就是"波粒二象性"。

著名的双缝干涉实验就可以证明粒子的波粒二象性：让一束光通过开着两道狭缝的面板，投到面板后的屏幕上，屏幕上就会出现明暗交替的条纹图案，即双缝干涉条纹，这就是波动性质的体现。其实，如果我们将电子一个一个地打向开着双缝的面板并投到后面的屏幕上，明暗交替的条纹同样会出现，这说明电子也有波动的性质。当然，电子不是一般的波，它与声波不同。一道声波可以被不同位置的人接收到，但一个电子绝对不可能被位于两个位置的人观测到。

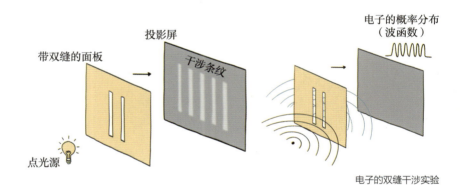

电子的双缝干涉实验

对此，量子力学的奠基者们想出了一个解释：电子是概率波。换句话说，电子的波不具有实体，而是出现的各种可能性的叠加，这些叠加具有波动的性质。没有被观测时，电子是一种波，是各种概率的叠加；但电子被观测时，"电子波"坍缩了，电子就会出现在某个确切的位置。

当然，电子出现的位置完全随机，我们无法提前知道它会出现在哪里，它在某处出现的可能性与波的强度有关——"电子波"是一种概率波。

以上就是创立量子力学的科学家们对量子力学的解释，因为这些科学家大都在丹麦哥本哈根物理研究所，所以这个解释就被称为"哥本哈根解释"。

这实在让人难以理解。我们不看电子的时候，它是波；只要看它，它就变成粒子并随机地出现在某个地方。当时的很多科学家，包括埃尔温·薛定谔和阿尔伯特·爱因斯坦，都觉得这个解释很荒谬。爱因斯坦甚至反讽道："我们不看月亮的时候，它还在那里吗？"

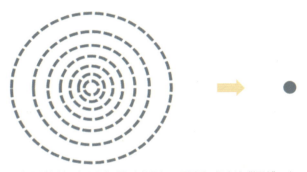

没有观测之前，电子是各种概率的叠加；观测后，概率波"坍缩"，电子随机地出现在某处

月亮同样也是由原子和分子构成的。如果按照哥本哈根解释——粒子在没有被观察的时候是概率波，那么是否可以推论：我们没有看月亮的时候，月亮也是概率波？

据此，爱因斯坦与哥本哈根学派展开了科学史上那场著名的关于量子物理本质的论证。

对于这场论证，薛定谔同样认为哥本哈根学派所谓"概率波"的解释是错误的，甚至后来也想出了一个例子来质疑哥本哈根学派的观点，即大名鼎鼎的"薛定谔的猫"。

薛定谔的猫是什么

一枚硬币有正、反两面，将其抛出后再用手接住——按照量子物理的解释，我用另一只手捂住不看这枚硬币的时候，它就处于"正面朝上和反面朝上的叠加态"——既正面朝上，又反面朝上。

假设这枚硬币确实处于上述叠加态，现在我把它放到一个箱子里，箱子里有一套连锁装置，如果硬币正面朝上，就会触发机关，使毒气释放。箱子里有一只猫，如果毒气释放，猫就会被毒死。如果硬币反面朝上，什么都不会发生，猫也安然无恙。

薛定谔的猫：如果硬币处于正/反的叠加态，
那么猫必然处于生/死的叠加态

薛定谔提出疑问：如果箱子是不透明的，在打开箱子观测之前，猫处于什么状态？显然，如果硬币处于正面朝上和反面朝上的叠加态，按照相同的逻辑，这只猫就应该处于活猫和死猫的叠加态。粒子太小了，我们看不见，但猫是我们看得见摸得着的实物——当然，现实里的猫不可能既生又死。这就可以证明，微观上粒子的叠加态也是不可能存在的——薛定谔用了反证法。

"薛定谔的猫"于1935年提出，此后量子力学又发展了80多年。随着我们做了越来越多的实验，越来越多的证据表明，微观层面确实存在粒子的叠加态。然而，我们的确不会在生活中见到一只既生又死的猫，这就是薛定谔的猫带来的难题。

量子纠缠

如果微观层面确实存在粒子的叠加态，那么这种叠加态为什么没有被放大到宏观层面呢？"退相干"可以暂时解答这个问题。

不过，在解释这个术语之前，我要先介绍量子物理中一个神奇的属性——量子纠缠。例如，有一男一女，他们每天穿的衣服颜色是随机的，假设只有蓝色和黄色两种颜色的衣服。

如果男生和女生互不认识、彼此独立，那么他们的衣服颜色也是彼此独立的，有4种可能性——蓝色和黄色、蓝色和蓝色、黄色和蓝色、黄色和黄色。

但如果他们恋爱了，他们就变成了一对，想要穿一样颜色的衣服，这样一来，每天的衣服颜色组合就只有两种可能性：都是蓝色和都是黄色。这两个人就是两个量子，恋爱就是纠缠。薛定谔的猫

在本质上也是一个纠缠的故事：一枚硬币有两种状态，要么正面朝上，要么反面朝上；猫也有两种状态，要么是活猫，要么是死猫。如果硬币和猫没有关系，彼此独立，二者状态的排列组合就有4种可能性。

然而，我们把猫放进箱子后，因为设定了连锁装置，它们之间就产生了纠缠，使它们只剩下两种可能性。如果硬币正面朝上，猫就死了；反之猫就是活着的——硬币和猫之间产生了纠缠。

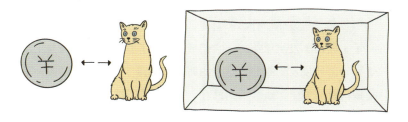

在量子物理观点中，纠缠就是两个或多个量子系统形成一个不可分割的整体，量子系统的状态不再是彼此独立的。如果两个或多个系统之间发生了交互作用，它们的状态就被关联在一起，这就是量子纠缠。不过，量子纠缠只能一对一，即一个粒子与A纠缠后，就不能再与B纠缠了。一旦两个粒子发生纠缠，哪怕其中一个粒子飞出地球，二者之间仍然可以保持纠缠。

在上面的例子中，男生与女生的纠缠是一对一的，但在薛定谔的猫的系统中，虽然猫作为一个整体和一枚硬币（已知这枚硬币只有电子大小）发生了纠缠，但它身上有很多粒子，我们无法阻止它身上的每一个粒子与外界发生纠缠。除非这个箱子是一个异次元空间，否则猫不可避免地会和外部环境发生作用。猫要呼吸，会释放热量，会在隐蔽场里接受宇宙微波背景的辐射——猫身上的粒子正在和外部环境发生着数不清的纠缠。

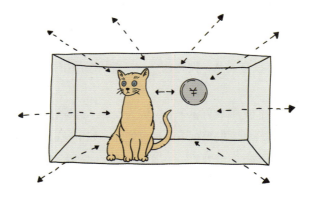

所以箱子里发生了什么？首先，猫被放进去后，就和那个单独的粒子（硬币）发生了纠缠，它们成为一个系统；其次，猫身上的粒子和外部环境发生纠缠，这些纠缠可以弥漫宇宙，换句话说，这只猫很快就和整个宇宙环境纠缠在一起，并和宇宙成了不可分割的整体。

那么，当我们打开箱子向内看的时候，会发生什么？很明显，因为我们也是宇宙的一部分，所以我们打开箱子后，只能看到猫本身，而看不到它与整个宇宙的纠缠——我们把这些纠缠信息忽略了，除非我们掌握了整个宇宙的所有信息。

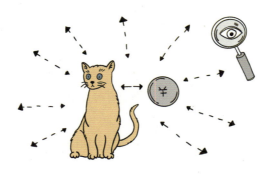

量子退相干

下面，退相干登场了。它告诉我们：如果我们在观测一个系统时忽略了这个系统与其所在环境的纠缠信息，这个系统的叠加态就会迅速消失，退化成经典概率的情况。这就是为什么我们看不见一只既死又活的猫。本质上，退相干是一个可以被严格证明的数学理论，即它是经过数学推导并证明的，在此不作赘述。我用一个比喻来说明这个问题。

我们将粒子的叠加态看成一滴墨水，并将这滴墨水放入一个装了水的杯子（猫就是这杯水）。很快，粒子的叠加态就变成了整个系统的叠加态，相当于墨水和整杯水混合了。

但猫身上数不清的粒子不可避免地会和环境发生作用。因此，这个杯子并不是密封的，它浑身是洞，并且被放在汪洋大海里。于是，这杯墨水迅速地与海水混合，即这滴墨水很快被稀释到整个大海里了。

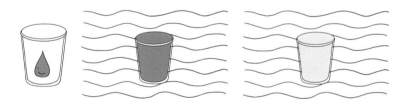

此时，我们再观察杯子，就无法看到墨水，只能看到非常干净的海水。我们看不到叠加态，它消失了，退相干到整个环境里了。

为什么我们看不到既生又死的猫？因为猫很大，它和环境不断发生作用，而我们看不到整个宇宙环境和它的纠缠，只能看到猫本身，所以我们只能看到一只要么死、要么活的猫。这听起来玄之又玄，但退相干不仅能在数学上被严格地推导出来，而且可以被实验证明。

退相干于20世纪80年代被提出，在接下来的几十年里，科学家们做了很多实验，彻底证明了它的存在。

虽然退相干的发生是瞬时的，但它也有时间差。1996年，法国物理学家塞尔日·阿罗什第一次在实验室里观察到一个很小系统的叠加态随着时间一点一点地消失，并且完美符合理论。因为这项研究，他获得了2012年的诺贝尔物理学奖。

美国物理学家戴维·瓦恩兰（左）和塞尔日·阿罗什（右）
共同获得2012年诺贝尔物理学奖

如今，退相干是一个客观存在且可以被检验的状态，已经受到学界的公认。退相干不仅是理解宇宙的途径，而且是量子计算机、量子通信等前沿研究中非常实用的工具。量子计算机能够在某些问题上比普通计算机算得快，就是利用了量子叠加态。

普通计算机的1个比特只能表示0和1两种状态，但1个量子比特可以处于0和1的叠加态。量子计算机在处理一个10位数时，并非只计算一个数，而是同时计算2^10个数，因为每一位都是0和1的叠加。

要想造出高质量的量子计算机，最大的困难是保持系统的叠加态，因为只有系统处于叠加态才能进行量子计算。

怎样才能让系统保持量子叠加呢？退相干告诉我们，要尽可能

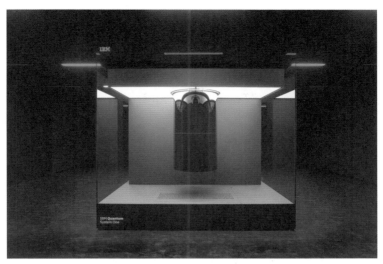

地让系统与世隔绝，与环境隔绝得越彻底，退相干就越不容易发生，量子叠加态就越容易保持。

后来，科学家逐步实现了原子、电子的叠加态；1999年实现了富勒烯，也就是碳60的叠加态；2019年，奥地利物理学家宣布成功实现近2000个原子的大分子叠加态。

很多科学家正在努力将叠加态"升级"到细菌层面。在不久的将来，尽管我们还无法实现薛定谔的猫，但很有可能实现"薛定谔的细菌"。

总结一下，薛定谔的猫本质上就是关于为什么微观的量子叠加不能被放大到宏观层面的问题。这个问题我们已经有了答案，答案是退相干。

退相干告诉我们为什么微观粒子有叠加态，而宏观物体没有。由于宏观物体中的每个粒子都会和环境发生纠缠，因此我们看不到它们的叠加态。当我站在你面前时，我不会既在这里又在那里，因为你看到的只是属于我本身的很小一部分信息，而不是完整的我，我的大部分信息在与整个宇宙发生纠缠，但你看不见这些纠缠，你将大部分信息忽略掉了。

量子物理尚有难题未解

虽然量子退相干回答了这只猫的问题，但它并没有解决量子物理的所有难题。

量子理论是一个非常神奇的理论，它创建于100多年前，对人类的生活产生了巨大的影响，成为现代物理学的支柱之一，但它还有很多基本问题没有解决。例如，退相干仍然没能解答一些基本的量子力学问题：叠加态是真实的状态，还是为了方便而假设出的数学模型？叠加态会彻底消失吗？我们观测这只猫时，它的生、死概率是由什么决定的？为什么宇宙会有概率这个东西？

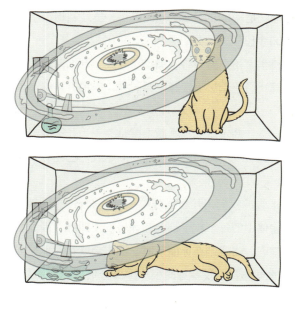

如果我们有造物主的能力，在看到这只猫的同时还能观测到它和整个宇宙的纠缠信息，会怎样呢？一种解释认为，如果我们真的能观测到整个宇宙，就会看到叠加态。就像那滴墨水——如果我们能够观察整个大海，就会发现这滴墨水没有消失——薛定谔的猫仍然处于叠加态。

我们不知道这个解释是对还是错，对此科学家们还在争论。答案究竟是什么，留待未来去研究和发现。

思考一下：

1. 用自己的语言解释量子力学中的"叠加态"。

2. 量子计算机和传统计算机的主要区别是什么？

3. 如果你是一名量子科学家，你最想利用量子力学解决现实生活中的哪些问题？

扫一扫，看演讲视频

量子计算机是如何工作的

薛鹏
中国工程物理研究院北京计算科学研究中心教授

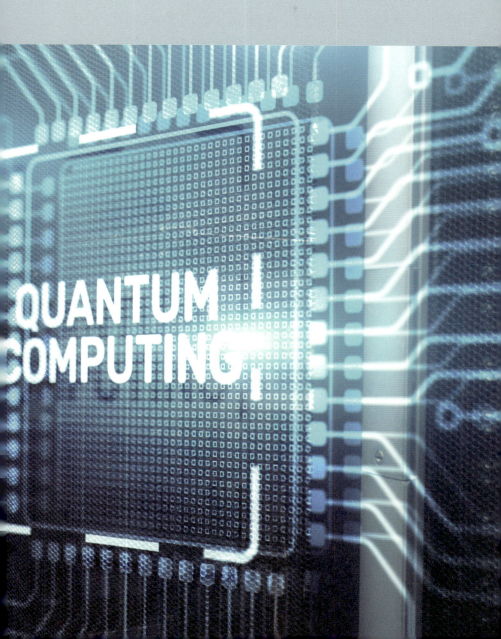

为什么我们需要量子计算机

　　也许有人会好奇，人类为什么要研究量子计算机？现在的经典计算机不够好吗？

　　在回答这个问题之前，我们先来了解一下经典计算机。经典计算机给我们的生产生活带来了无穷的便利，可以说它是人类历史上最伟大的发明之一。现在，我们很难想象没有计算机的生活会是什么样子。但人类的欲望是永无止境的，我们永远都在追求更高、更快、更强，我们对计算机处理信息速度的追求也是永无止境的。经典计算机处理信息的速度依赖于微处理器芯片集成度的提高。那么，经典计算机处理信息的速度会持续不断地提高吗？

　　1965年，英特尔公司创始人之一戈登·摩尔提出了著名的摩尔定律，并指出，微处理器芯片的集成度是随时间呈指数增长的。从1900年到2020年的120年间，微处理器芯片集成度的发展基本上符合摩尔定律。

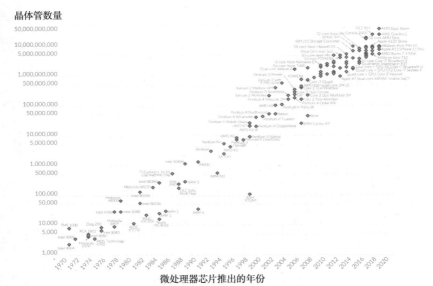

电脑处理器中晶体管数目的指数增长曲线符合摩尔定律（坐标中为各芯片名称）

这个趋势会持续不断地增长下去吗？答案当然是否定的。因为芯片最终会达到它的物理极限。可以说,经典计算机的运算速度(或信息处理速度)是有上限的，它会受到两个问题的限制。

一个问题是热耗散效应。经典计算机处理信息的过程是不可逆的。例如，手机或电脑等电子产品使用一段时间后会发热，这是因为在信息处理的过程中，电子产品中的电能会转换成热能，然后向大气中耗散，这就是热耗散效应——我们不可能把空间中的热能重新收集起来转换成电能。而材料的散热速度是有上限的，这限制了元件的集成度，从而限制了经典计算机处理信息的速度。

要想解决这个问题，有两种方法。一是从材料入手，寻找散热速度更快的材料，但这种方法治标不治本。治本的方法当然有——我们可以寻找一种新的信息处理方式：这种信息处理方式如果是可逆的，就可以解决发热这一根源问题了。

幸运的是，量子计算机处理信息的方式就是可逆的，它可以完美地解决热耗散效应的问题。

一个问题解决了，另一个问题又来了——尺寸效应。如今，微

量子计算机是如何工作的

处理器芯片的尺寸已经达到纳米量级，即10^{-9}米——这是一个极小的尺寸。要把元件的集成度进一步提高，势必要把元件做得更小。最终，它一定会达到原子的尺度，无法再缩小了。而原子的尺度量级就是埃（Å），即10^{-10}米。

然而，当元件达到原子尺度时，它的运动规律就不能再用我们熟悉的牛顿力学来解释了——是时候亮出"量子力学"这一法宝了。于是，基于量子力学且以量子力学为运动规律的量子计算机应运而生。

从量子力学到量子比特

什么是量子力学？提起量子力学，你首先想到的可能不是普朗克、薛定谔、爱因斯坦这些物理学家，而是一句网络流行语"遇事不决，量子力学"。在一些科幻作品中，一旦出现逻辑无法填补的"天坑"或脑洞，作者就会"祭出"量子力学，希望用它来解释一切不合理、不合逻辑的现象。这也从侧面反映出量子力学的神奇和它的用处之大。

量子力学确实是一门非常有用的科学。如果我们想要研究一个微观粒子的运动规律，比如"电子是如何绕着原子核运动的"，日常生活中积累的经验无法让我们得出答案。因为在解释微观粒子运动规律时，我们熟悉的牛顿力学和麦克斯韦方程都不起作用。而量子力学就是一门专门用于解释微观粒子运动规律的科学，也是非常重要的物理学分支。

微观粒子的运动规律和宏观物体的运动规律完全不同。在经典世界当中，宏观物体的运动是连续变化的。但微观粒子的运动不同，比如电子只能在一些离散的轨道上运行或者运动，它只能从一个轨道跃迁到另一个轨道，就像爬梯子一样，必须一格一格地爬，不能连续地变换，这就是所谓微观粒子的量子化。而微观粒子与宏观物体的运动规律截然不同的根本原因就在于它们拥有一些量子特性，其中最重要的特性之一就是量子叠加性。

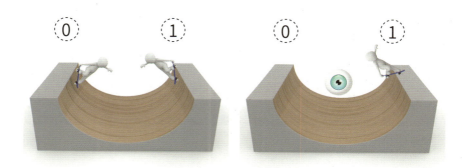

量子叠加

形象地看，微观粒子就像左图中正在玩滑板的小孩，他可以出现在0这一端，也可以出现在1这一端，即他有一定的概率出现在0端，也有一定的概率出现在1端。对此，我们可以说，他处在0和1的叠加态。但是，一旦我们要去观测他了（右图中的眼睛代表观测者），他一定会出现在某一端，即确定性地塌缩到0端或者1端。这就是量子叠加特性。

正是量子叠加特性，使得量子计算机拥有强大的并行运算能力。量子并行运算又是什么呢？我们还是先来了解一下熟悉的经典计算机：它们的芯片最底层是由半导体晶体管组成的0-1电路，其中0代表高电平，1代表低电平。

经典信息的最小存储单元是什么？是一个经典的比特。它由二进制数字（0或1）组成，就像一个开关，要么是0，要么是1。一个经典存储器只可以存储一个经典的比特，也就是说，它只能存储

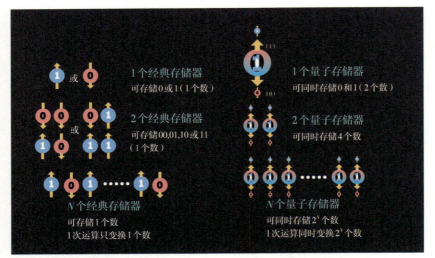

量子比特与量子并行计算

0和1这两个数字中的一个。而量子存储器可以存储一个量子比特，由于量子比特拥有量子特性，它可以同时处于0和1的叠加态，因此一个量子存储器可以同时存储0和1两个数字。

那么，两个经典存储器可以存储多少个数？它们可以存储二进制数中的00、01、10、11这4种数字组合中的一种，但两个量子存储器就可以同时存储这4种组合。以此类推，如果有更多的经典存储器，比如N个，它们只能存储2^N种组合中的一种，且一次运算只能变换一种。而N个量子存储器可以同时存储2^N种组合数，这个数字非常可观。而且它们可以在一次运算中同时变换2^N种，相当于2^N个经典存储器在同时运行——这就是量子并行运算。量子比特就是量子信息的最小单元。在物理学中，任意一个二能级[1]的微观粒子系统都可以用于制备量子比特。

1　二能级系统，指具有两个能级的量子系统。这两个能级可以是原子、分子或固体中的电子能级，也可以是光子的偏振态，或者是其他任何具有两个量子态的系统。二能级系统在量子计算、量子信息、量子光学和凝聚态物理等领域都有广泛的应用。

量子计算机是如何工作的

　　了解了量子比特和量子并行运算之后，我们以搜寻算法为例，来具体看一看量子计算机究竟是如何工作的。

　　想象一下，有家工厂雇用了100名员工，突然有一天，厂长被告知，这100名员工里有一名是在逃的罪犯，他需要协助公安机关把这个罪犯找出来。

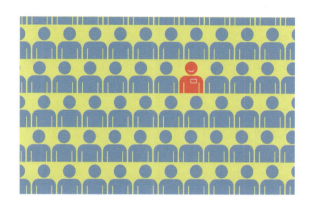

　　经典计算机会如何处理这类搜寻算法的问题呢？通常情况下，它会把这100名员工的信息和犯罪分子的信息一一进行对比，运气不好的话，可能需要对比100次才能找到罪犯，一般情况下，也需要进行50次对比。

　　量子计算机又是如何做的呢？因为它拥有量子特性，所以我们就有了一台非常神奇的机器，叫作"量子幸运大转盘"。一开始，量子幸运大转盘上有100个大小相同的格子，用于放置这100名员工的照片。我们完全不知道哪张是罪犯的照片，我们需要把它找出来。每个格子（或量子态）不仅代表一名员工的照片，并且具有叠加和纠缠的特性。这意味着在量子层面，这些格子可以同时表示多个状态。在量子测量的过程中，那些与搜索目标对应的量子态会增强，而其他量子态则会被抑制。因此，每转动一次量子幸运大转盘，放犯罪分子照片的格子就会自动变大，而其他的格子则相应缩小。转动10次左右后，放有犯罪分子照片的格子就会变大到可以覆盖整个转盘，这样我们就可以快速地找到这名犯罪分子。

相较于经典计算机平均要做50次对比，我们只需转动10次量子幸运大转盘就可以了。最重要的是，员工数量越多，量子计算机的优势就越明显。

综上所述，实现量子计算机的计算，最核心的是如何制备量子幸运大转盘。

在现实生活中，我们可以利用"量子行走"来实现搜寻算法中的量子幸运大转盘。

量子行走与经典随机行走对应。那什么是经典随机行走呢？例如，一个人拿着一枚硬币，每次抛硬币，硬币都有50%的概率字面朝上，50%的概率花面朝上。如果字面朝上，这个人就向左走一步；如果花面朝上，就向右走一步。到达新的位置后，他会重新抛掷硬币，决定向左或向右走……这就是经典随机行走的一个非常简单的例子。

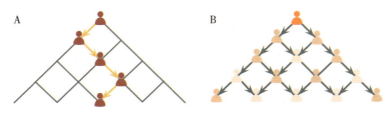

通过量子行走实现量子搜寻算法

在量子行走中，行走的人和硬币是量子化的，二者就拥有了量子特性，比如量子干涉、量子纠缠、量子叠加……这时，量子化的硬币就不只是可以字面朝上或花面朝上了，它可以处于字面朝上和花面朝上的叠加态。量子化的人也可以同时在很多个位置，按照不同的路径行走。所以，与经典随机行走相比，量子行走的速度更快，且能够在更短的时间内占据更大的空间。如此一来，我们就可以利用量子行走实现量子搜寻算法中的幸运大转盘。

因此，在当今这个信息爆炸时代，量子行走的应用前景广阔。而我所在的团队就是利用光子的不同自由度，比如偏振、路径、时间、轨道角动量等，在实验室中实现光量子行走。

进行精密光学实验要防止各种各样的震动，所以我们将实验室设在地下。此外，实验室必须是万级超净室，还要保持恒温恒湿，以确保激光器、探测仪等精密仪器能够正常运行。我们要24小时不间断地除湿，以保证空气干燥，防止晶体潮解。此外，由于实验室中使用的光源是波长为780~810纳米的近红外光，且处于单光子水平，用肉眼很难观测到，因此我们的实验室还是个全暗室。

在实验室中实现量子行走

我们每天都在这样的实验环境中站七八个小时，不断调试光路、采集数据、做实验等。遇到紧急的实验，加班加点甚至熬夜都是家常便饭。所以，做科研非常辛苦，但所有的辛苦付出都是值得的。这是科研工作者的兴趣所在，更重要的是，我们在这个过程中也取得了一定的成绩。

我们团队从2013年开始从事量子行走实验研究，到2015年，我们已经打破了当时由澳大利亚团队所创造的单光子空间域的量子行走最长演化时长的纪录。随后，我们不断提高技术，一再刷新这一纪录，到目前为止我们仍是该纪录的保持者。

到2021年，我们已经实现空间域的量子行走50步的演化纪录。如果将实验环境转移至光纤介质中，我们甚至可以突破200步的演化时长。我们非常希望能够利用在光量子行走方面积累的技术和经验，为我国成功研制量子计算机，并为未来量子计算机的产业化贡献出自己的力量。

量子计算机已经能做什么了

目前，世界各国的量子计算机发展到了怎样的水平？

2012年，美国加州理工学院的物理学家约翰·普雷斯基尔提出了一个概念——quantum supremacy，有人把它翻译成"量子霸权"，也有人翻译成"量子优势"。也就是说，量子计算机已经可以全面碾压经典计算机，实现一些经典计算机完全无法实现的复杂计算任务。

随着这一概念的提出，包括D-wave量子、IBM、谷歌、霍尼韦尔、英特尔、微软、亚马逊等国际知名大公司，以及众多初创公司纷纷加入量子计算机的研制队伍，如今竞争愈演愈烈。我们通过几个例子来展示量子计算机研制的经历和进程。

2016年，IBM率先推出了全世界第一台基于5个超导量子比特的可编程量子计算机的原理模型,并将其应用于云平台。到2017年,他们又成功研制出一款基于50个超导量子比特的量子计算机的原理模型,并宣称将在2023年成功制备超过1000个比特的真正的量子计算机。

2019年IBM正式推出的商用量子计算机IBM Q System One,基于20个超导量子比特

谷歌也不遑多让,于2019年宣布成功研制出超过53个超导量子比特的量子计算芯片,并命名为"Sycamore",中文翻译为"悬铃木"。谷歌用这款量子计算芯片首次实现了量子随机采样的算法,并宣称这是世界上第一次成功实现量子霸权,第92页的图就是它们的超导电路,这个电路需要放在稀释制冷剂中工作。

谷歌Sycamore量子计算芯片

与IBM和谷歌追求开发超导量子计算机不同，我们熟悉的口罩生产商霍尼韦尔追求的是以"离子阱"[1]为硬件来研制量子计算机。2020年霍尼韦尔宣称已建造出了目前世界上性能最好、量子计算体积最大的量子计算机的原理模型——10个全纠缠的离子阱量子比特。

可见，量子计算机对市场的吸引力之大。

除了超导计算机和离子阱计算机之外，光量子计算机也方兴未艾。2020年，我国的潘建伟院士团队就研制成功了一台76个光量子计算机的原理模型，并把它命名为"九章"——一个非常有纪念意义的名字。这也是光量子计算机中非常优秀的代表之一。

与超导比特相比，光子有它的优势，即对环境的适应性。超导量子比特需要全程在−273摄氏度的超低温环境中才能正常运行，但光子不需要，在室温环境中就可以。各个物理体系都有各自的优势及短板。

1　离子阱是一种利用电磁场将离子（带电原子）限制在有限空间内的装置，广泛应用于量子物理、质谱分析和量子计算等领域。

量子计算机终将改变世界

那么，我们距离真正的通用量子计算机还有多远？我们什么时候才能用上量子计算机呢？理论上，实现通用的量子计算机已经不存在不可逾越的障碍了，但技术上还有重重困难。

从2016年的5个超导量子比特，到2017年的53个超导量子比特，再到2020年的76个光量子比特……每一个进步看起来都只是一小步，却凝结着很多科研工作者的艰辛付出。要想真正实现能够全面取代经典计算机的可编程、可纠错的通用量子计算机，就要掌握制备和操控10万到100万个量子比特的有效方法。可以说，量子计算机每前进一小步，都需要人类跨越技术上的一大步。

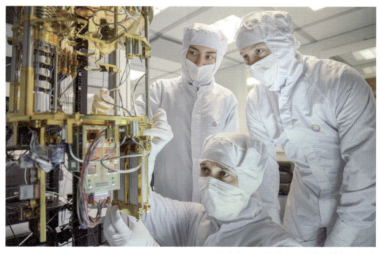

研究者正在组装量子计算机的低温部分

正是因为量子计算机的研制目前依然极具挑战性，它才会吸引世界各国的科学家及产业界的热情和投入。一旦基础科研取得巨大突破，量子计算机就会快速进入产业化进程，也势必会给我们的生产、生活带来巨大的便利。到那时，我们将会拥有更安全的通信方式、更快速的计算方式，以及更高精度的测量方式。

有的人可能会感到焦虑："是不是现在就需要掌握量子计算机的知识？否则当未来量子计算机取代了经典计算机之后，我会不会因为连手机、电脑等工具都无法使用，而被这个社会淘汰？"

终身学习一直是我们所提倡的，而且我们非常希望年轻人能加入我们的研究团队，也非常希望普罗大众能够多去了解有关量子信息的知识，但我们不"贩卖"焦虑。我们没有必要感到焦虑，因为量子计算机最终的形式大概率会出现在云端，终端用户面对的界面一定是简单易操作的，就像现在的电子产品。

要想搜索信息，你只需写下一个指令，它就会上传到远程的服务器上，然后像我这样的工作人员、实验人员会在云端为你完成编译、运行、维护等工作，再把最终结果返回终端，也就是你的手机或电脑上。所以，大可不必担心，我们只要等着享受量子计算机在未来带来的重大便利就好。

正是因为量子计算机拥有强大的性能和经典计算机无可比拟的优势，假以时日，量子计算机必将改变世界。但在此之前，我们还

需要基础科学领域的巨大突破，以及大量的资金投入。

无论你是希望加入量子计算机研制及产业化的有志青年，还是乐观其成的爱好者，相信你都会在未来享受到量子计算机为我们的生产生活带来的巨大便利。

一起期待吧！

思考一下：

1. 为什么经典计算机处理信息的速度会受到限制？

2. 对比经典计算机，量子计算机的优势是什么？

3. 量子计算机如何实现快速搜寻算法？

4. 未来量子计算机有哪些应用？你想用量子计算机来做什么呢？

扫一扫，看演讲视频

室温超导之梦

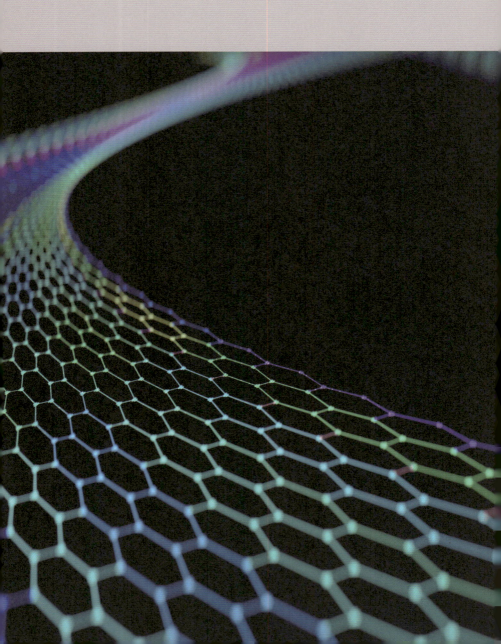

罗会仟
中国科学院物理研究所研究员

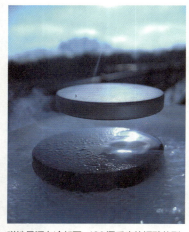

磁铁悬浮在冷却至-196摄氏度的铜酸盐型 $YBa_2Cu_3O_7$ 超导体上方

我想要介绍的超导，并非市场上的超导空调、超导冰箱或超导浴霸，也非军事领域的超级导弹，而是与一种神奇的磁悬浮现象紧密相连的前沿技术。

电影《阿凡达》给我印象最深的是潘多拉星球上的山。这些山不是长在地上的，而是悬浮在天空中的。电影塑造了一个神奇的世界。山为什么能悬浮在空中？因为山里有一种神奇的矿石——室温超导矿石。

什么是超导

超导研究就像科幻电影一样，特别"高大上"。

超导研究虽然只有100多年的历史，但因在该领域的研究获得诺贝尔奖的科学家就有10位。超导研究是物理学科很小的分支领域，却有这么多科学家因为超导研究而获得诺贝尔奖，可见它非常重要。

我们知道，材料是由原子组成的。电子在材料里"跑"，必然会受到一定的阻碍，这种阻碍就叫作电阻。生活中有各种各样的电器，所有电器都有电阻。根据电阻大小，我们可以将材料分为绝缘体、半导体、导体。更简单的分类方法是依据电阻随温度的变化：电阻随温度下降而下降的材料叫作导体；电阻随温度下降而上升的材料叫作绝缘体。

当温度降到很低的时候，电阻会有什么变化？由于早期的科学家们无法实现超低温，无法在现实中进行实验，因此他们只能做"猜想实验"。

英国著名物理学家威廉·汤姆森（第一代开尔文勋爵）认为，当材料温度很低时，电子会被"冻住"，直接导致电阻增大。德国物理学家路德维希·马西森则预言，随着温度的下降，电阻会减小。由于材料内部有杂质，必然会产生剩余电阻，这部分电阻不受温度影响。因此到了绝对零度，电阻依然存在。詹姆斯·杜瓦推测，若能找到无杂质、无缺陷的导体，或许就能发现一种在绝对零度时电阻为零的理想导体。

后来，荷兰物理学家海克·昂尼斯的实验证实，以上猜想不一定正确——有一种材料的电阻会先随着温度下降而下降，到某一个温度（绝对零度，即 4.2 K，约 −269 摄氏度）时，电阻突然变成了 0。这就是科学家们找到的第一种超导材料——水银，即金属汞。

水银在常温下呈高密度的液态，借助高温蒸馏可以达到很高的纯度，因此，它是很难

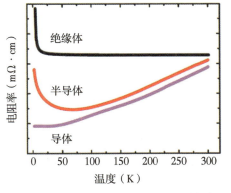

电阻随温度的变化

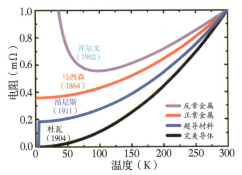

金属中的电子如何"感知"温度

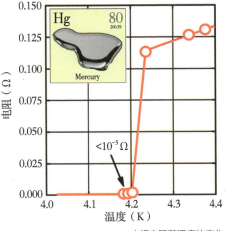

水银电阻随温度的变化

出现杂质和缺陷的"完美金属"。昂尼斯等人在测量水银的电阻时发现，水银的温度一旦低于4.2 K，电阻就小于$10^{-5}\,\Omega$，相当于测不到了，昂尼斯将这个现象称为"超导"，也就是"超级导电"。这一研究发现让他获得了1913年的诺贝尔物理学奖。

我们经常说电生磁，磁生电，电和磁不分家。除了超级导电，超导还有一个神奇的效应——完全抗磁性。

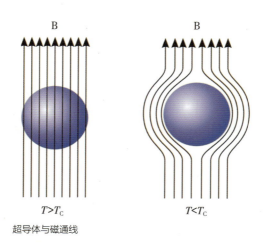

超导体与磁通线

1933年，德国科学家瓦尔特·迈斯纳发现了超导的磁效应（后被称为迈斯纳效应）。上图中蓝色的小球代表超导体，将它放到磁场里，磁通线会绕着它走——无论是先加磁场后降温变超导，还是先降温变超导再加磁场，结果都相同。磁通线进不去，以至于它内部的磁感应强度也是零。零电阻和完全抗磁性是超导体的两个最重要的特性。

超导还有第三个效应——超导热力学效应。超导热力学效应由三位理论家约翰·巴丁、利昂·库珀和罗伯特·施里弗在1950年提出，三人因此获得了2003年的诺贝尔物理学奖。超导的相关理论解释就叫作BCS理论——以上述三位科学家姓氏的首字母命名。

在BCS理论提出之前，我们很熟悉的一些物理学家，如爱因斯坦、费曼、海森堡等都试图解决超导问题，不过都失败了。但是，这三位科学家成功了。他们推测，一个电子单独"跑"肯定会受到阻碍，两个电子配对"跑"才不会受到阻碍。单个电子就像单翅膀的小蜜蜂，单翅难飞，但两两结成一对后（库珀电子对），双翅相拥就能让小蜜蜂腾空，这便是"双结生翅成超导"的比喻，也是BCS理论的核心。

三位科学家中，巴丁是唯一一位两次荣获诺贝尔物理学奖的科学家。1956年，他因与同事共同发明半导体晶体管而首次获奖，这一发明极大地推动了电子技术的发展，改变了人类世界。1972年，巴丁因与合作者共同提出BCS超导理论再次获奖。

超导的应用

我们知道了超导的重要效应，但超导材料到底有什么用呢？

首先，超导体可广泛用在电与磁的领域。以输电为例，为了降低损耗，我们要将电压提高到几千伏甚至上万伏，即便如此，电能的损耗也在15%左右。如果采用超导材料，就没有了这一损耗，毕竟其电阻为0。而节省15%的损耗意味着人类的能源能多用100～200年。

我们去医院做核磁共振时，医生会让我们将身上的金属物品全部摘掉。这是因为我们要进入一个"大圆圈"里（见第102页上图）。这个"大圆圈"是超导磁铁，有很强的磁场。超导磁场的分辨率非常高，以目前的技术水平，将大脑里上百亿个神经元全部测清楚也指日可待。在不远的将来，也许只要"扫一扫"，人们就能知道你的头脑里在想什么。

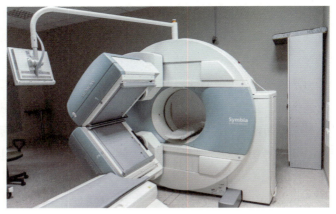

磁共振成像仪

　　生活中，我们比较熟悉的超导应用可能是高速超导磁悬浮列车。现在，从北京到上海的高铁速度最高已经能达到350千米/时，在日本的相关试验中，超导磁悬浮列车的速度已轻松突破600千米/时。

　　科学家们有个大胆的想法，如果将磁悬浮轨道放在真空管道里，没有空气阻力，列车的速度会有多快呢？至少能达到3000千米/时。如果列车以这个速度行驶，从北京到上海只需要半个小时。问题是，普通人可能很难适应这么快的列车，但它或许可以用于"发快递"。

　　基础研究也非常需要超导技术，尤其是热门的粒子物理研究。如今的高能物理实验几乎离不开超导磁体技术，这是因为要想把粒子加速器提到很高的能量水平，必须依靠很强的超导磁体，没有高场超导加速器磁体，科学家们也许无法进行实验。

　　超导材料可以承载很强的磁场和电流，这是超导的强电应用。此外，超导还有弱电应用——超精密超导量子干涉仪。这个器件是世界上最精密的磁探测器，即使是一根磁通线也能用它测出来。例如，芯片做好之后出现问题，某处断了，用这个探测器一扫就知道了。哪怕是极细的纳米级的芯片出现问题，也能用它扫出来。

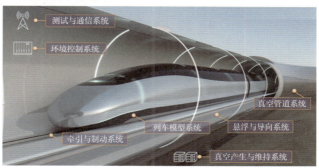

测试与通信系统

环境控制系统

真空管道系统

列车模型系统

悬浮与导向系统

牵引与制动系统

真空产生与维持系统

设想中的高速超导磁悬浮列车（上）、真空管道中的超导磁悬浮列车（下）

寻找超导材料之路

了解了这么多超导的应用，你可能会想，为什么生活中并没有人使用超导手机、超导电脑、超导电视和超导冰箱？为什么超导不像电影中那样广泛呢？原因很简单——我们目前发现的所有超导材料均不够理想。

一个好用的超导体必须满足"三高"条件，即高临界温度[1]、高临

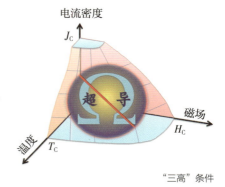

电流密度

J_C

超导

磁场

H_C

温度

T_C

"三高"条件

1　临界温度指，超导材料由正常态转变为超导态对应的温度。

界磁场和高临界电流密度——必须同时满足三个条件，这个材料才好用。

　　三个条件都满足是很难做到的，科学家们不知道应该怎样提高临界磁场和临界电流密度，于是就先寻找合适的高临界温度超导材料。从第一个被发现的超导材料——金属汞开始。

超导元素单质

超导元素单质

　　科学家们将整个元素周期表"扫"了一遍，测试每个元素的单质，看看它们是不是超导体。结果令人惊讶：很多元素单质都是超导体，但导电最好的金、银、铜并不是超导体。

　　找完单质，科学家们再去找化合物。例如，如今超导临界温度最高的单质是金属铌，铌的超导临界温度是 9 K，那就寻找铌的化合物，比如碳化铌、氮化铌。

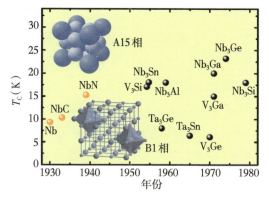

超导二元合金

氮化铌的超导临界温度为 16 K，还不错。接下来合成铌三烯、铌三锗等一系列化合物试一试？科学家们发现，铌三锗的超导临界温度可以达到 23.5 K——已经很高了（当时科学家将超导临界温度高于 20 K 的材料叫作高温超导体）。试了各种化合物之后，理论家根据 BCS 理论并结合实验数据进行了计算，计算结果比较悲观：常规超导体的临界温度似乎是有上限的，大约是 40 K。后来，40 K 被称为麦克米兰极限。这个数字相当于看不见的天花板，似乎超导材料的临界温度永远无法超过 40 K。

实验物理学家也喜欢预言。例如，物理学家贝恩德·马蒂亚斯认为探索新的高温超导材料需要认准 6 个条件：晶体结构高对称性，最好是立方结构；电子态密度要高；不能有氧元素；不能有磁性；不能是绝缘体；不要相信理论家的"预言"。这 6 个条件到底有没有道理呢？

1986 年年底，来自 IBM 苏黎世研究实验室的两位科学家，约翰内斯·格奥尔格·贝德诺尔茨和卡尔·亚历山大·米勒，发现了含铜氧化物镧钡铜氧的超导性。这种含铜氧化物是准二维结构，具有低载流子浓度，是氧化物，母体是绝缘体，有磁性——6 个条件中有 5 个是错误的。只有第 6 个可能是对的，因为这个材料的超导临界温度能够达到35 K，逼近40 K的麦克米兰极限。镧钡铜氧的超导性于1986年12月被发现，这两位科学家在1987年10月就获得了诺贝尔奖。他们能这么快获得诺贝尔奖，还要感谢中国科学家。是中国科学家的帮助，让两人这么快就获得了诺贝尔奖。

1987年年初，中国和美国科学家（中国科学院物理研究所的赵忠贤团队、美国休斯敦大学的朱经武及吴茂昆团队等）通过实验发现，钇钡铜氧（与镧钡铜氧只差一个元素）在液氮沸点（77 K）以上具有超导电性，其超导转变温度高达93 K（约−180摄氏度)!

这意味着40 K的"极限值"并不存在，理论家的预言被推翻了。93 K的高温超导意味着我们突破了液氮温区。以前，我们研究或应用超导只能利用液氦维持低温，但1升液氦要好几百元，而1升液氮只要一元左右。

因为超导临界温度高且价格便宜，科学家们找到了一系列铜氧化物高温超导材料。目前，铜氧化物高温超导体在常压下能达到134 K的超导临界温度，加压后的超导临界温度甚至可以达到165 K。

但是，超导临界温度高就好吗？虽然铜氧化物高温超导材料的超导临界温度高，但它属于陶瓷材料，很脆，几乎一碰就碎。为了

铜氧化物高温超导带材及其内部结构

保护这种材料，我们必须覆上多层薄膜等复杂的物质，只有这样才勉强能使用它——这种材料并不好用。

那么，我们能不能先解释这种材料的超导临界温度这么高的原因，进而找到超导临界温度更高的超导材料呢？ 2006年，日本科学家细野秀雄发现了铁基超导体，他最初发现的超导材料——镧铁砷氧氟的超导临界温度为26 K（临界温度在20 K以上的超导体已经很少见了）。中国科学家敏锐地注意到了这个材料，将镧铁砷氧氟中的镧换成了其他的同系元素。奇迹出现了，他们发现换了一个元素的材料——钐铁砷氧氟的超导临界温度可以达到55 K。从26 K到55 K是质的飞跃，麦克米兰极限又一次被突破了。

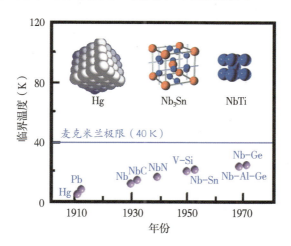

这意味着新一代的高温超导体——第二大高温超导体家族铁基高温超导体诞生。

见证"中国速度"

现在，科学家们"解锁"了很多铁基高温超导体家族的成员，

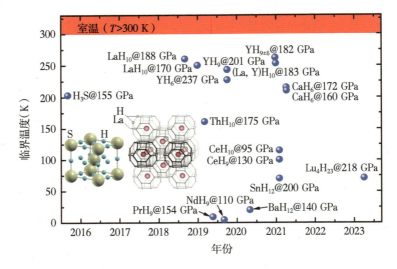

高压金属氢化物超导体

其中很多铁基超导体成员是由中国科学家发现的。铁基超导体的特殊薄膜形式（铁硒薄膜甚至仅有一层原子的厚度）的超导临界温度可以达到 65 K。

总结一下，高温超导的温度并不高，以 40 K 的麦克米兰极限为界，在常压下超越该超导临界温度的材料就是高温超导材料。目前达到这一标准的只有两种材料——铜基与铁基材料。近年来的研究发现，高压下的金属氢化物和镍氧化物也能突破 40 K 的超导临界温度。

40 K 相当于 -233 摄氏度，比月球的最低温度（-180 摄氏度）还要低。显然，所谓高温超导，只是相对第一个被发现的超导材料水银来说超导临界温度高一些而已。

科学家们一直致力于寻找室温超导体（在物理学里，室温一般为 300 K，约 27 摄氏度），他们试了 1 万多种材料，如有机材料、无机材料……可惜这些材料通通不好用。

近年来，物理学家发现了两种有趣的超导体，一种爱"喝水"，另一种爱"喝酒"。钠钴氧材料在常态下不超导，但只要将它放在蒸笼里面"蒸一蒸",像蒸包子一样蒸熟了,这个材料就变成超导体了;铁碲硫材料在常态下也不是超导体,但将它放到酒里面泡几遍,这种材料就出现超导了。有趣的是,将这种材料直接泡在乙醇(酒精)水溶液中是不超导的。它特别有"酒品",尤其喜欢某种红葡萄酒。

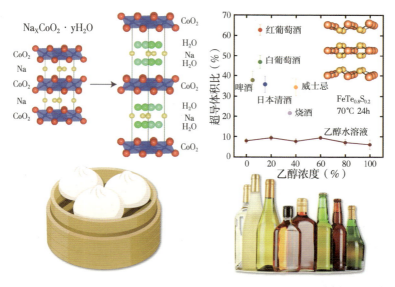

两种有趣的超导体

我们身边也隐藏着不少超导"元素"。据说,大家每天抹的防晒霜中就可能有超导体,里面有一种材料叫作对三联苯,来自中国的研究团队在2017年宣布,钾掺杂的对三联苯中可能存在超导临界温度120 K以上的迹象。

2018年,曹原发现了"扭角石墨烯":将两层石墨烯堆叠在一起,转个角度,超导便神奇地产生了,但这个超导体的临界温度很低,只有1.7 K(约-271摄氏度)左右。

超导材料的发现实在有趣。

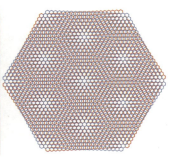

扭角石墨烯

室温超导的未来

人类有没有可能实现室温超导呢？其实，"压力大点儿"就可以了。例如，氢在常温下一般是气体，但如果用两个金刚石对氢单质进行压缩，就可能使氢最终变成金属氢[1]。金属氢就是传说中的室温超导体。

制造金属氢的过程极为艰难，几年前，两位哈佛大学的教授发现了金属氢，但在测试其是否为室温超导体的过程中金刚石碎了，氢就没有了。我们可以换一种思路，做氢的化合物，如硫化氢，通过向材料加200万个大气压，也能实现200 K以上的超导。

最近，科学家又发现，给LaH_{10}加约200万个大气压，LaH_{10}的超导临界温度就可以达到250

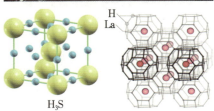

金属氢（上）、硫化氢（下左）、LaH_{10}高压超导体（下右）

1　高压下氢原子间的电子形成类似于金属键的结构，从而展现出金属性质。

K。250 K约为–23摄氏度，非常接近我国东北地区冬天的平均气温。近年来，科学家们在更多的金属氢化合物中找到了超导电性，这类超导体在100万～200万个大气压下，超导临界温度从几K到200多K不等。

　　但是，哪里能够找到200万个大气压？地球内部就有，木星内部也有。木星就是个巨大的"氢气球"，木星内核压力很高，所以内核周围就有金属氢。要想找到室温超导体，钻到木星里面去可能是个好办法。

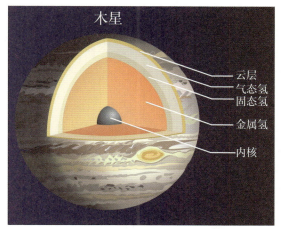

木星的内部结构

　　如果真的实现了室温超导，人类的生活会发生哪些变化？我们可以展开美好的想象：每家每户都有非常酷的悬浮沙发让我们可以躺着看电视；走出房间，我们可能会看到天空中悬浮着一座城市、地面上行驶着悬浮汽车……

　　生活中，我们可以使用超导量子器件，比如将半导体芯片换成超导芯片就可以造出量子计算机。实际上，量子计算机是真实存在的，而且已经取得了显著的技术进步和商用化进展。量子计算机的

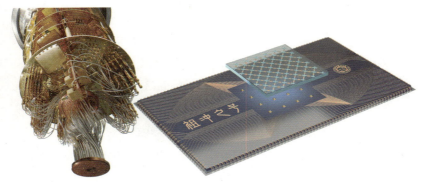

超导量子计算机和量子芯片

　　运算速度非常快，传统计算机100年才能算完的东西，量子计算机或许只需0.01秒。

　　如果超导实现了，我们还可以造一个超级强大的发动机，这个发动机可以让我们驾驶飞船游览整个宇宙。

　　超导的未来，指日可待！

思考一下：

1. 超导现象最早是由哪位科学家发现的？其发现的超导材料是什么？超导的关键特性有哪些？

2. 寻找超导材料需要满足"三高"，请具体说明"三高"的含义。

3. 试着简述文中提到的实现室温超导的几种可能途径及目前面临的问题。

扫一扫，看演讲视频

陌生又熟悉的水世界

江颖
北京大学博雅特聘教授、美国物理学会会士

水是我们司空见惯的一种物质，但在科学家眼中，水可以说是自然界最复杂的物质之一。到目前为止，我们仍需要更多的科学研究来探索水的性质。

奇怪的水

水无处不在，无论是在地表还是地下，甚至在地外星球都有水的踪迹。但水对我们来说是一个非常陌生的世界。为什么这么说呢？

我们先去南极看一看。南极的气温非常低，很多水会结成冰。但是，在如此冷的地方仍然有很多鱼在自由地生存着。为什么在这么低的温度下鱼不会结冰呢？经过科学研究人们发现，在这些鱼的血管里有一种叫作抗冻蛋白的物质，它可以抑制水变成冰。

水有很多非常奇怪的性质。大部分物质从液体变为固体后，体积会减小。但水结冰后，它的体积反而会变大，密度会减小（水在

南极和一种南极鱼

4摄氏度时密度最大）。这个现象与大家的常识是相反的。此外，如果你把一瓶热水和一瓶冷水同时放进冰箱，就会发现热水比冷水更快结冰，这也是非常奇怪的现象。

现在有许多关于冷冻人、冷冻器官、器官冷藏的研究，这些本质上与上文的南极鱼为什么不会结冰类似。其中很重要的一个课题是，冷冻人体时必须确保体内的水不能结冰，因为水一旦结冰，就有可能变成小冰碴，从而刺破细胞膜，导致器官失活。

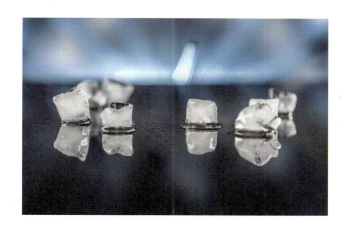

仅仅从水结冰这样简单的现象来看，就会发现，我们对很多熟悉的物理和化学过程并不了解。

有人总结，水有70多条反常特性。除了热缩冷胀（密度的反常），水还有很多奇怪的特性，如高比热、高熔点、热导、张力等。这些性质都还处于研究之中，我们还不能完全了解它内在的机制。

因此，《科学》杂志在创刊125周年的时候，提出了21世纪最具挑战性的125个科学问题，其中一个问题是"水的结构是什么"——水的结构实际上是了解水的性质非常关键的一环。

如果我们能从微观上弄清水的结构，就能更好地了解水的特性，解开关于水的世纪难题。

水的量子效应

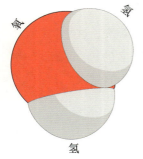

水的化学结构

我们都知道，水是由水分子构成的，那么，水分子长什么样呢？

水分子的结构很简单，就是两个氢原子加一个氧原子，形成一个简单的三原子的分子——这是我们都熟知的化学组成。但是，我们在《科学》杂志上发表的一篇文章中提到，水的结构并非这么简单，它具有一定的量子效应。

什么是量子效应呢？在经典图像中，水就是两个氢原子和一个氧原子组成的结构，即使给它加热，或对其加一些扰动，它的构型也不会变。但是，如果用更精确的手段分析，

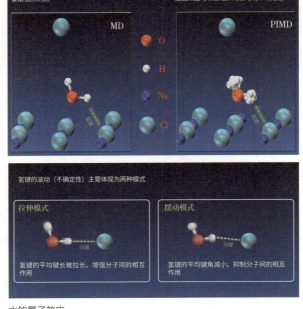

温度较低时，水分子倾向于保持在局部能量最低点附近

MD

真实的量子力学世界中存在核量子效应，这些效应可以被理解为波动或不确定性

PIMD

O
H
Na
Cl

氢键的波动（不确定性）主要体现为两种模式

拉伸模式

氢键的平均键长被拉长，增强分子间的相互作用

摆动模式

氢键的平均键角减小，抑制分子间的相互作用

水的量子效应

我们发现氢原子在空间中有一定的位置涨落，也就是说它没有确定的位置，而是有一些概率上的分布。氢原子的空间涨落现象会对水的结构和性质产生非常大的影响（包括氢键相互作用），从而使水展现出一些非常反常的特性。

例如，如果我们不考虑氢原子在空间上的量子效应，我们体内很多化学反应的速度也许至少会减慢至现在的1/1000，甚至这些反应根本不会发生。因此，没有水的量子效应，人类也许就不会存在，甚至所有生物都不会存在。

我们的研究发表后，不少商家推出了"量子水"，称这种产品对健康有益。其实，我们手里拿的每一瓶水都是量子水，因为量子效应是水本身的属性。所以，"量子水"只是一个商业炒作概念。

单个水分子已经这么复杂了，那多个水分子放在一起，结构是不是更复杂了？水分子和水分子之间存在一种相互作用——氢键。什么是氢键呢？水分子中的氧带负电，氢带正电，把多个水分子放在一起时，带正电的氢和带负电的氧会产生相互吸引的作用，这就是氢键。如果把一个水分子当作一个人，水的网络结构就是多个人手拉手。

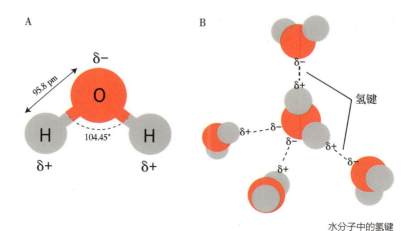

水分子中的氢键

氢键有很多奇怪的特性，比如协同性——如果我和一个人的牵手状态发生变化，就会让周围其他人的状态都发生变化；再如灵活性——如果我把手放开，我就会很容易地和另外一个人牵手；又如方向性——氢键总是在氢和氧之间成键，如果氢指向氢或氧指向氧，就不会成键。

这三种特性让水形成非常复杂的网络结构——氢键网络。如果能弄清氢键网络的结构，我们就有可能完全解开水反常特性的奥秘，甚至能操控水的性质。

水的三种物相

我们都知道，水有三种物相。低温时，它是固体，是冰相。冰相里的水分子都规规矩矩地待在自己的位置上，形成一个规则的、有序的网络结构。

随着冰的温度渐渐升高，水分子就待不住了，它们会跑到别处，甚至会跑到网格间隙里。温度继续升高，有序的网格结构就变成无序的状态，即液态。此时，水分子处于没有任何规律、没有任何周期性、完全无序的状态。

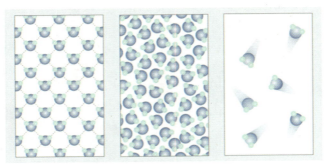

水的三种物相（从左至右）：冰相、液相、气相

如果温度进一步升高，水分子和水分子就会逐渐远离，化学键会被打断，水就会变成分子之间没有任何相互作用的气态。

在水的三个物相中，冰相虽然相对简单，但迄今为止，大家也发现了约18种冰相——在不同的条件下，它们展现出不同的结构。

可以说，液相是到目前为止水最复杂的物相，没有任何的理论计算和实验研究能回答水的液相结构到底是什么。在过去几十年间，有若干理论和实验试图解答这个问题，提出了很多模型，如四面体模型、拼成链状的绳圈模型、完全无规律的混乱氢键模型……但没有任何一种模型能给出令人满意的答案。

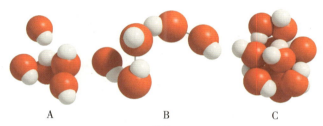

A   B   C

四面体模型A、绳圈模型B、混乱氢键模型C

因此，液态水的结构至今仍处于激烈的争论之中。不过，商人们似乎已经"解决"了这个问题，他们已经"知道"液态水的结构到底是什么，甚至能通过某种手段让液态水里的水分子聚成小团，然后让这个小团更容易通过我们的细胞膜被人体吸收，促进新陈代谢……

但遗憾的是，目前这是没有科学根据的，还有待证实。我们要如何对其进行证实或证伪？最直接的办法是，"看到"水分子，知道水分子在什么地方，怎么排列成网络结构，有几个水分子在这个网络里面——这也是我研究水的初衷。

第一次看到单个水分子的实空间图像

要想"看到"水分子，我们不能用常见的光学显微镜，因为它的分辨率远远不够。这时就要拿出扫描隧道显微镜了（以下简称STM）。

STM是两位瑞士的科学家格尔德·宾尼和海因里希·罗雷尔在1981年发明的，他们因此获得了1986年的诺贝尔物理学奖。用这种显微镜可以看到表面的原子结构，这在当时来说是非常了不起的成就。

为什么STM能"看到"原子？我们当然不是用眼睛直接看，形象地说，STM能"感知"原子，就像盲人摸象一样"摸到"原子。

具体操作是，用一根非常细且尖锐的针尖靠近原子，当针尖和原子靠得足够近，两者之间就会有局域的隧道电流产生。针尖扫描表面的时候，我们可以根据隧道电流的变化将物体表面的原子起伏

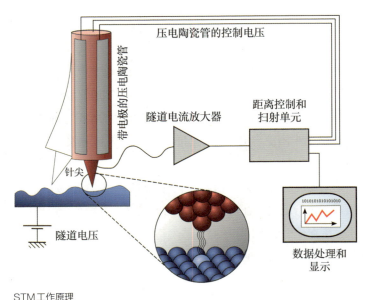

STM工作原理

成像出来。因此，我们并非真的看到原子，而是把它"感知"出来。

很多人问我，STM需要多么尖的针尖才能"感知"原子？因为我们要看到的是原子，而不是一个普通的物体。我们计算了一下，针尖的尖端直径大约是头发丝的千分之一，针尖的尖端在光学显微镜下是完全看不见的。

不仅如此，即使你有这么小直径的针尖，也不一定能"看到"原子，你还必须利用很复杂的手段，在针尖的末端修饰单个原子或分子，才能看到分辨率足够高的图像。

下图是我们实验室的两台STM。不过，要想看到水分子，只用STM还不行，我们必须把水分子降到-260摄氏度以下——非常接近绝对零度（约-273.15摄氏度）。

除了低温，我们还必须把STM放在真空度非常高的环境里，其真空度甚至可以比拟宇宙真空。只有这样，我们才能让水分子牢牢地抓在表面，让它不至于到处运动。此外，只有真空度足够高，周围大气环境中的分子才不会对水分子产生干扰。

在这么高的要求下，我们终于第一次看到单个水分子的实空间图像，即第124页上左图中的V形结构。如果你把水分子的结构示意图叠上去（见第124页上右图），就会发现这些微型结构与水的骨架完全一致，不只是键角一致，键长也完全匹配。

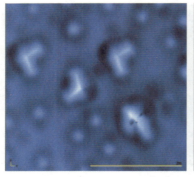
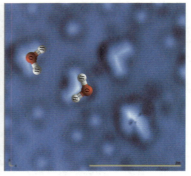

这是人类第一次清晰地看到水分子的结构图像。

但是，有时候我们看到的是一种比较奇怪的水分子图像，比如下左图，与黑洞的图像非常相似。如果把水分子的结构示意图放上去，你就会发现，这个图像并不是水分子的骨架，而是水分子周围的电子产生的电子云。亮的地方电子比较多，暗的地方电子比较少，就形成与黑洞几乎一模一样的图像。

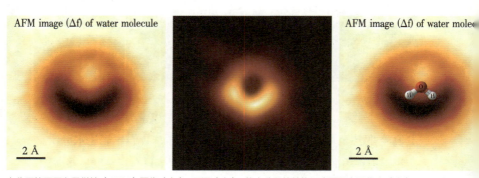

水分子的原子力显微镜（AFM）图像（左）、黑洞（中）、将水分子的结构示意图叠在图像上（右）

水分子和黑洞的尺寸有20个量级以上的差别。我们不得不感慨自然界的精巧，二者的尺度相差这么大，图像竟然出奇地一致。

"冰"的边界

既然能看到单个水分子了，那么我们接下来要做什么呢？我们可以去慢慢地玩它、养它、拍它。

首先，我们想看一看冰到底长什么样，冰到底是如何"长"出来的。上文提到，水有固、液、气三种物相，这是一个非常基础的概念，但实际上没有人了解其中的机理。

南极和北极的海面上有很多厚厚的冰层。这种冰层其实是不计其数的水分子堆在一起形成的物质。能否把这么厚的冰层一层一层地削薄，最后削到单层冰？单层冰的结构是什么样的？它是怎么长出来的？这会影响我们如何理解厚冰层的生成。

终于有一天，我们做成了这件事，并在2020年年初将其发表在《自然》杂志上。我们看到了单层冰的高分辨原子结构图像，它是一个蜂窝状的结构，与我们熟知的石墨烯的结构一模一样，我们因此称它为类石墨烯结构。

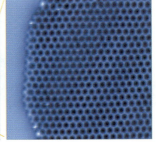

"手撕"冰：二维冰≈石墨烯？

此外，它的边界实际上比蜂窝状结构更为复杂，因为它不光有六圆环组成的锯齿状边界，还有五圆环、七圆环等拼起来的复杂边界，我们称之为"扶手椅"边界（见第126页上图）。

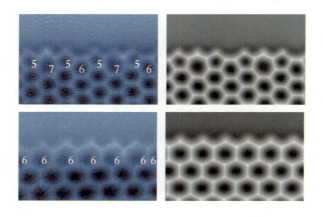

看到边界后，我们就能对其生长状态进行拍照。例如，对于锯齿状的边界，我们发现它先在一个位置长出一个五圆环，然后五圆环进一步延拓，长成一串五圆环，但这些五圆环之间有一些空隙。

怎么办呢？水分子非常"聪明"，它能直接嵌到这些空隙里，把这些五圆环桥接在一起，像搭桥一样把它变成六圆环状态，这样就完成了一次生长（见下图）。这就是我们在原子力显微镜下面看到的冰的真实生长状态。

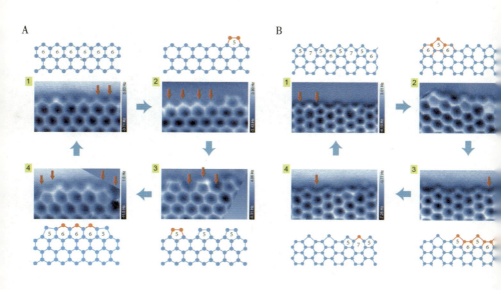

少年中国科技·未来科学⊕·物理篇

一旦知道了冰是怎么长出来的，我们就可以告诉材料科学家如何制备可以用来抑制或者促进冰形成的特殊材料。

例如，我们做了一种上面和下面看起来一样的材料，但实际上，我们对其上、下两面做了特殊的处理：上面是抑制结冰的涂层，下面是促进结冰的涂层。把这种材料放在水蒸气之下，然后将其降到低温状态，水就开始在材料表面凝结、结冰。上面的涂层上长出的是非常粗糙的颗粒状冰，下面的涂层上长出的是非常平整的冰（见下图）。我们用同样的风去吹，上面的冰很容易被吹掉，但下面的冰会牢牢地吸在表面上，没有被吹掉。

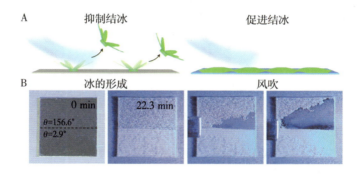

我们终于发现了如何人为控制材料来抑制结冰或者促进结冰，这一发现具有极为重要的现实意义。例如，它有助于我们深入研究冰层的形成机制、大气中冰雨的产生过程，以及开发表面防结冰技术等。

人类第一次"看清"盐水

到此为止，我们一直在讨论纯水，实际上，水与其他物质也会发生很有意思的相互作用，其中一个有趣的相互作用是"离子水合"。

这个词对你来说可能非常陌生，但我举的例子你一定非常熟悉。如果我们把一勺盐直接倒在水里，再晃一晃，盐粒很快就消失了。为什么呢？因为盐溶解在水里了。

盐为什么会溶解？从微观上看大概是这样的：盐，即氯化钠，是由氯离子和钠离子组成的晶体，将氯化钠溶解在水里，水分子会慢慢地把钠和氯两种离子"拽开"。同时，水分子会包裹被拽走的离子，形成团簇结构。这种团簇结构就是离子水合物，我们称这个过程为离子水合过程。

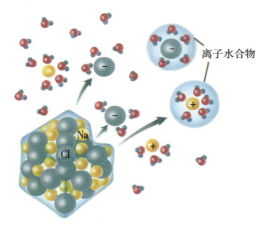

离子水合过程

早在100多年前，离子水合过程就已经被化学家们意识到了，但仍然没有人真的看到离子水合物的样子。离子水合过程是不是真的，水分子在离子周围到底是怎样的构型，离子周围到底有几个水分子……这一系列看似基础的问题其实都很难回答。

现在，我们终于借助STM清楚地看到由一个水分子和一个离子形成的水合物、两个水分子与一个离子形成的化合物，以及三个水分子、四个水分子等不同数目的水分子与一个离子形成的千奇百怪的结构。它们的构型都非常有意思。

这是人类第一次在原子层次看清楚盐水。

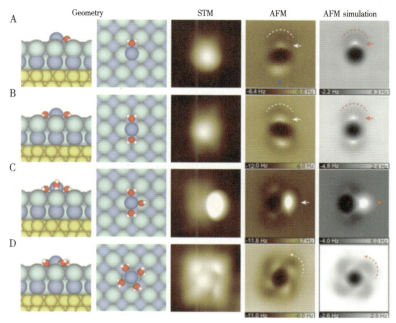

盐水的原子分子几何排布模型、STM图像、AFM图像和AFM模拟图像

看到盐水并没那么容易。你也许会认为，把盐放在水里溶解了，不就有离子水合物，可以直接观察了吗？但对我们来说，这种办法是不可行的。我们必须人工造出单个离子水合物，才能让成像变为可能。因此，我们设计了一个非常有意思的办法——用针尖模拟水溶解离子的过程，人为制造出含有不同数目水分子的离子水合物，然后再拍照。

除了看到水的状态之外，我们还发现，如果离子周围包裹了特定数目的水分子，这个离子水合物就可以在物质表面快速扩散，这就是非常有意思的幻数效应。不过，只有在特定数目的水分子的包裹下，离子水合物才能快速扩散。人体吸收离子时，离子必须穿过细胞膜上的离子通道[1]，但离子通道本身非常狭窄，只有原子尺度。反常的是，离子能够非常高效地通过离子通道。

因此，我们的工作为这一现象提供了一种非常有趣的解释：通过离子通道时，离子有可能因为周围包裹了特定数目的水分子而获得了更快的扩散速度。换句话说，水分子可以帮助离子高效地通过离子通道。

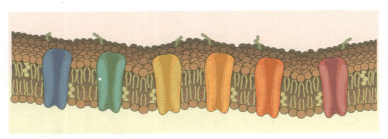

生物离子通道中的离子传输（示意图）

水——潜在的清洁能源

最后，我们再说一说能源。

我们已经能看到水分子了，那我们能不能操控它呢？答案是肯定的。我们可以把它的氢氧键打断，让水分解，变成氢气和氧气。

氢气是一种非常清洁、高效的能源，氢气燃烧可以产生极大的能量。同时，氢气燃烧之后变成水，水又可以分解成氢气，这样就形成了可循环的清洁能源，并且在这个过程中不会产生任何污染。如果我们能把水高效地分解成氢气和氧气，世界的能源问题就被解决了。

1　离子通道是一类嵌入细胞膜中的蛋白质，能够形成亲水性通道，允许特定离子如钠、钾、钙等在细胞内外之间选择性地通过。

我们在初中就学习了分解水的方法——直接给水通电，水就变成氢气和氧气了——这是一个很简单的过程。但这种方法不可能商业化，不可能用来产生能源。因为电极材料用的是昂贵的铂，并且这种方法必须消耗大量电能。因此，科学家们正在想方设法来突破这两个"瓶颈"。

首先，能否寻找一些比较便宜的、和铂电极效率接近的材料来替代铂？这样就可以降低成本。最近，我们发现对二硫化钼进行一些特殊的处理之后，它的水解效率非常接近铂，但是还无法与铂完全匹配。这说明经过一系列努力，我们有可能找到可替换的材料。

电解水实验

其次，由于要耗费大量电能，我们是否能够不需要电就让水分解成氢气？目前，有很多科学家正在朝着这个方向努力。例如，设计让一些特殊的催化剂和混合液反应，从而使水不需要通电就直接分解成氢气。但遗憾的是，现阶段我们必须对它进行一定的加热，而加热也要耗能。

如果不加热，我们能在室温下做到让水自动分解吗？可以借助太阳光。

太阳光有很大的能量，如果把催化剂泡在水里面，在太阳光的照射下水自动分解成氢气和氧气，那岂不是一件非常令人高兴的事情。但遗憾的是，光解水的效率目前还很低，还需要进一步提升和优化。

除此之外，水在生命体中也是非常重要的物质。没有水，蛋白质就不可能折叠；没有水，人体内的化学反应就不会发生，人就不会存在。

　　由此可见，虽然从结构上来说水是柔软的，但在科学上它是非常难啃的一块硬骨头。科学家们用了最先进的实验和理论模拟手段，试图深入原子和分子尺度，希望通过高分辨的研究能够揭示更多水的奥妙，让水更好地为人类服务，造福人类。我们对水的认知和应用，还大有可为。

思考一下：

1. 简单介绍水的量子效应。

2. 水的三种物相是什么？简单介绍它们的相互转变过程。

3. 什么是离子水合？

4. 为什么水被认为是潜在的清洁能源？为实现水分解的商业化，科学家们做了哪些努力？

扫一扫，看演讲视频

低温制冷
"屠龙技"

胡忠军
中国科学院理化技术研究所研究员

中学的时候，老师问我们长大后想做什么，我说想成为一名南极科考工作者。此前我在学校阅览室看过秦大河老师的《秦大河横穿南极日记》，书里神秘寒冷的世界给我留下了深刻的印象。

但是，南极不是想去就能去的。上大学后，我来到了美丽的"冰城"哈尔滨学习普通制冷技术，即商业制冷技术。我们能实现"吃肉自由""水果自由""海鲜自由"，在很大程度上依赖于发达的商业制冷技术。

在大学课堂上，老师的一句话让我记忆犹新："老师只能教你们'杀猪'的本事，中国科学院才能学到'屠龙技'。"我很好奇，到底什么是制冷的"屠龙技"呢？后来，我考上了中国科学院研究生院的研究生。

在我准备硕士论文的时候，国家正在研制一款"大火箭"，后来我们都知道了，这款大火箭就是"长征五号"。除了"胖五"之外，它还有一个别称——"冰箭"。这是因为"长征五号"内部一些部件的温度比冻猪肉的温度低得多，能达到-253摄氏度——

为了把氢气变成液体，从而发射很重的载荷。若干年后，我参与了"长征五号"的一部分研发工作，并且有幸来到海南文昌发射场亲眼见证它将中国空间站核心舱送上天。听倒计时读秒时的我既激动又紧张。

低温制冷和空调原理差不多

我们为什么要研究制冷的"屠龙技"？

自低温制冷技术被发明以来，每隔一段时间就会有相关的成果获得诺贝尔奖。前沿物理科学研究（如量子研究）需要它，我们的日常生活（如体检所用的磁共振成像）也需要它。

在我上学的年代，人们的生活还处于解决温饱的阶段，食物无疑是非常重要的，因此当时对冷藏、冷冻技术的需求很迫切。随着时代的进步和科学的发展，前沿科学如航空航天、超导等研究越来越重要，而这些研究都需要低温技术来支持（学术上以−153摄氏度为界限，高于−153摄氏度的低温技术叫作"普冷技术"，低于−153摄氏度的技术叫作"低温技术"）。

其实，在"两弹一星"时代，老一辈科学家们就已经研制出了一些小型的低温装备。20世纪70年代，我国科学家已经可以将卫星放到模拟太空里进行试验了。太空的实际温度非常低，平均约为−270摄氏

科学家们将卫星放到太空环境模拟器KM4里

度。我们只有在地面上模拟太空的低温环境，才能保证卫星上天后不出问题。

我所在的中国科学院理化技术研究所主要关注的是液氢温度以下的低温技术。世界上最难液化的气体之一就是氦气，而液氦就是我们小组的主要研究对象，同时它也是打开超越牛顿经典力学的量子世界大门的一把钥匙。

事实上，100多年前就有科学家实现了氦气的液化。英国物理学家、化学家詹姆斯·杜瓦在1898年成功液化氢气和氦气。下右图是当时的氦液化装置，图中不同的颜色表示不同的液体[1]：先用酒精预冷液态空气后，再用液态空气预冷液氢，液氢经过预冷后才能得到液氦。显然，这种"套娃"式的液氦生产很难工业化，也很难持续运行。因此，我们想要通过"压缩－膨胀制冷"的方式，实现从氦气到液氦的一步式制备。

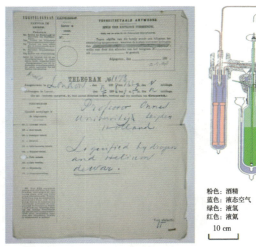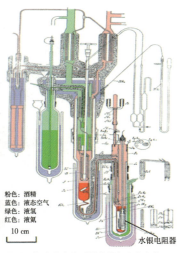

粉色：酒精
蓝色：液态空气
绿色：液氢
红色：液氦

10 cm

水银电阻器

杜瓦发给海克·昂尼斯的电报的原始记录（左），最后三行文字意为"液化氢气和氦气"；首次发现超导现象的液氦恒温器（右）：从外部容器注入酒精是为了防止水蒸气在玻璃上凝结影响观察

---

1 注意，颜色主要用来进行区分，不代表低温液体真正的颜色。

其实，无论是商业制冷还是低温技术，其核心技术都基于同一个简单的原理——相变传热。例如，我们运动后会出汗，汗的蒸发会让我们感觉凉爽，这是因为水从液态变为气态时会吸热。有些科学家发现，蜜蜂会在炎热的夏季将水运到蜂巢里，以调节蜂巢的温度。

冰箱和空调的运转，以及低温技术的实现就是让水从液态到气态的相变过程循环起来。这需要一系列机械的配合（见下图）：

1.在压缩机里，气体（制冷剂）在从低压状态到高压状态的过程中会升温发热；

2.冷凝器将热量散发到周围环境中，制冷剂从气态变为液态；

3.液态制冷剂经过节流减压的装置（节流阀），从高压状态变为低压状态；

4.低压状态的液态制冷剂经过蒸发器，并从周围吸收热量，起到制冷效果；

5.液态制冷剂变回气态，一个循环完成。

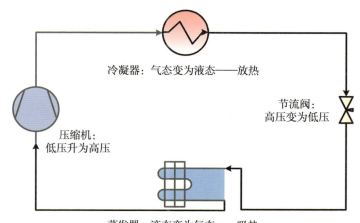

冷凝器：气态变为液态——放热

节流阀：
高压变为低压

压缩机：
低压升为高压

蒸发器：液态变为气态——吸热

通过液态和气态的相变转换实现的制冷循环

如何"兜住"氦气

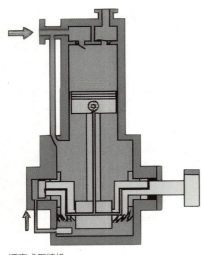

活塞式压缩机

要想得到液氦，首先要有能高效率压缩氦气的压缩机。

给篮球、排球、轮胎等充气用的打气筒就是活塞式压缩机（见左图）。这种机械很原始，因为活塞频繁摩擦损耗较快，所以使用寿命相对较短。于是，科学家发明出了螺杆式压缩机。这种压缩机有两个螺杆（见下图），一个是阳转子，另一个是阴转子。在两个转子相对旋转的过程中，它们之间的气体被挤压，气压就会升高。

2016年之前，我国螺杆式压缩机的年产能高达40多万台（套），可惜其中并没有一台能够高效压缩氦气。当时，我们使用的装备全靠进口，而进口一般会有各种各样的限制。我们的老所长坚持要将这个设备国产化，接到这个任务

螺杆式压缩机的转子

时，我心里一点儿底也没有。

压缩机的原理类似于用网兜兜住球。假设空气分子有篮球大小，那么氦气只有乒乓球大小。显然，可以兜住篮球的网兜未必兜得住乒乓球，因此压缩氦气比压缩空气困难得多。

你可能会想：将网织密一点儿不就行了？但难题也随之而来。下左图展示了两个转子的工作过程：气体被吸入转子之间的压缩腔室，两个转子相互啮合，压缩腔室的容积减小，气压变高。通过上文，我们知道，气体压缩会发热，气体膨胀则会吸热。因此，压缩腔室的空间不能无限缩小。尤其是在工作状态下，气体的发热会导致螺杆被焊到一起，整个系统就瘫痪了（见下右图）。

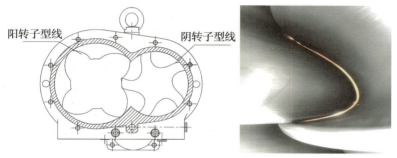

两个转子工作时的横截面（左）、转子的间隙过小（右）

如果间隙不能调小，要如何"兜住"氦气呢？

一次，我和老师一起做实验，他指着转子让我仔细观察。在观察的过程中，我有了灵感：既然转子之间的缝隙不可能无限缩小，那么我们往缝隙里填一层适合密封氦气的油膜，不就能"兜住"氦气了吗？这个核心技术就是转子的型线。但转子的型线非常复杂，有成千上万种组合，并且我们没有足够的时间试错。但我们有一个原则：尽可能地让转子挂住油膜，且避免转子旋转时将油膜甩出去。这也是我们的突破口。

在这个原则的指导下，我们开发了两种新的型线，也就是两种螺杆压缩机的转子。我们不仅做出了中国人自己的产品，而且这个产品的热力学效率比国际同类产品高约10%。每每回想起这件事，我都感慨万千。下图是我们在2023年研发的一款新产品，浅蓝色的机壳里面就是我们开发的转子。照片中我就站在压缩机旁边，两相对比可以看出，它的体量非常大。

国内单台输气量最大的氦气螺杆压缩机

制冷还要靠"吹"

除了压缩机，在低温技术中还有一个比较重要的运动部件——节流器。节流器是一种旋转的透平膨胀机。"透平"来自英文"turbine"，即涡轮，在中国古代技术史里被叫作"风车"。与压缩机相反，透平膨胀机用膨胀的方式降低压力、减少能量，从而制冷。

很多人会说："我们的工作可不是吹出来的。"但我们的工作真的是"吹"出来的。下左图中是一个风动陀螺玩具，它就类似于透平膨胀机中的叶轮。我们玩陀螺时会用鞭子抽它，用弹力转它，其实还可以试试一种与众不同的玩法：吹它。把风动陀螺放到桌子上，吹一口气，它就可以转起来。如果用红外测温仪测量经过陀螺（涡轮结构）后的气体温度，你就会发现气体的温度降低了。低温技术的原理就是这么简单。

原理很简单，那为什么难做呢？技术挑战就在轴承上。滑板车或者汽车是靠滚珠轴承润滑的，但低温制冷机的叶轮转速非常快，为十几万到三十几万转/分，是汽车转速的100倍。如果我们还使用滚珠轴承，摩擦产生的热量就会让所有器件"焊"到一起，机器也就无法使用了。因此，我们选择用氦气（右下图中黄色块和蓝色块之间的白色部分）将转子"吹"起来，前后左右用轴承气将转子顶住，这就是气体轴承。

困难就在这里——气体轴承在转子动力学上的偏移量[1]需要控制在细头发丝的1/10以下，如果抖动大了，就会蹭到它的"邻居"。2014年，我们团队完成了财政部国家重大仪器装备项目

常见的节流机构——节流器

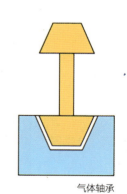

气体轴承

1　轴承轴心与轴承中心线之间的距离。

的转子的研制。可不要小看这小小的转子。它和上文提到的压缩机一样重要，甚至从某种意义上来说，它比压缩机还要重要。

为深空探索和前沿研究做好帮手

压缩机和膨胀机是超级低温制冷机的两个核心设备。所有的低温部件都集中安装在高真空绝热的冷箱内（内部结构见下图）。2021 年，我们的研发项目被评为年度"中国十大科技进展新闻"。除了我们，获得该称号的其他团队大都是做基础研究的，我们所做的工程技术研究能入选是很难得的。

部件研制出来了，但能不能用呢？这就需要我们对其进行复杂的系统集成和调试。一直以来，中国科学院的研究者们都有一个

氦液化器低温冷箱内部结构

默契：不能只说不做，只做不练。东西做出来之后，要经过事实的考验，要"用得上"。目前，我们有两套低温装备正在协助超导体的研究（见下图）和先进光源的研究。先进光源是一种高级的显微镜，我们的低温装备已经在它的测试平台上连续无故障运行一万多个小时了。

中国科学院高能物理研究所超导实验厅的80L/h氦液化器

2024年3月，我们成功研制出国内最大的液氢装备，每天的产量可达5吨。许多人对5吨没有概念：我国的发射任务很紧密，但现有的液氢厂每天的产量只有2.5吨。我们的设备是现有产量的2倍，这意味着我们为将来发展探月工程、火星探测以及更远的深空探测做好了充分的原料准备。

我们很幸运地赶上了好时代——如果没有国家高精尖技术发展的需要，我们只能去"杀猪"。正是赶上了国家"屠龙"的需要，我们才走上了大国重器的研制之路。当然，"杀猪"的技术也很重要。

我的许多同学在北京冬奥会上"大放异彩"——他们做的各种制冰机同样了不起。

最后，希望读者朋友们不惧风雪、以梦为马，做那片独一无二的雪花。

典故注释："屠龙"与"杀猪"之技形象地比喻了高技术研究与工程和生活经验。二者出自唐代刘禹锡《何卜赋》："屠龙之技，非曰不伟；时无所用，莫若履豨。"其意为强调学以致用的态度。"履豨"就是踩着猪腿的下部看肥瘦，此处也含有另外一个典故"每况愈下"，出自《庄子·知北游》，原意为越接近猪的脚胫越能看出真实的肥瘦情况。

思考一下：

1. 为什么说空调制冷的原理和氢氦低温制冷技术原理差不多？

2. 在将氦气液化的过程中，科学家遇到了哪些困难？他们是如何解决的？

3. 透平膨胀机在低温制冷过程中起到什么作用？它面临的技术挑战是什么？是如何应对的？

扫一扫，看演讲视频

给电网装上空气"充电宝"

陈海生
中国科学院工程热物理研究所研究员

我为什么选择了压缩空气储能

我们都知道，能源是工业的粮食，每一次能源变革都伴随着一次工业革命。煤炭的广泛使用开启了蒸汽时代；油气和电力的广泛使用带领人类进入了电气时代。我们现在正在经历第三次工业革命，也就是所谓的电子信息化时代，其能源变革的主要特征是可再生能源逐步替代化石能源，成为主力能源。

三次工业革命的代表

除了和工业联系密切之外，能源也与我们的日常生活息息相关。我国的"双碳"目标是力争在2030年前实现碳达峰、2060年前实现碳中和。为达成这一目标，其主要手段就是提高可再生能源的应用比例，以替代化石能源。据预测，到2025年，我国可再生能源发电装机占比将超过50%（2023年年底已率先实现）；到2060年，非化石能源的能源消费占比将达到80%。

但是与化石能源相比，可再生能源有一个鲜明的特点，确切地说是缺点——它的不可控性——我们戏称它为"靠天吃饭"，即间歇性、波动性和周期性。所谓间歇性是指有时有，有时没有；波动性是指不稳定；周期性是指随着时间和季节，比如白天、晚上及四季的变化，有周期性的波动。

风能发电（左）、太阳能发电（右）

可再生能源的不可控给我们的电力系统带来了不小的挑战。这种不可控性会带来什么后果或者影响呢？我们先看一看传统电力系统的运行模式。

在传统的电力系统中，电力从发电厂发出之后，通过输、配到达用户。用户端的负荷是不可控的，而发电端是可控的，电力系统通过控制发电端出力对电网进行调度，来配合负荷的变化，从而实现动态平衡。

随着可再生能源的大规模发展，电力系统的发电侧和用户侧都安装了大量不可控的可再生能源，这就为电网的稳定运行、控制和

发　　　　　　输　　　　　　配　　　　　　用

安全带来了很大影响,甚至出现很多发出来的电无法"上网"的情况。

如何解决这个问题呢? 储能可以很好地实现平衡。

我们用供水系统来比喻:如果进水端不稳定,出水端也不稳定,那就需要在二者之间修建一个水池来保证整个系统的稳定运行。在电力系统当中,这个水池就是储能。

根据预测,在未来以可再生能源为主的电力系统当中,储能装机占比需达到10%~15%。正由于储能的重大战略需求,它被《科学》杂志列为人类面临的125个终极科学问题之一。同时,它也是第三次工业革命的关键支撑技术和国家的战略性新兴产业。

目前已有的储能技术大致可以分为两类:一类是物理储能,包括抽水蓄能、压缩空气储能、蓄热储冷和飞轮储能等;另一类是化学储能,主要包括各种电池,我们常用的铅酸电池、锂电池,以及钠电池和液流电池等都属于此类。不同的储能技术有不同的性能特点,整个电力系统对储能的需求也不同,也就是说,对储能有不同的性能要求。

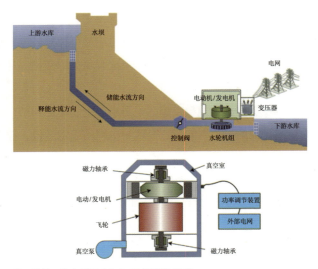

物理储能:抽水蓄能(上)、飞轮储能(下)

总的来说，不同的储能技术有不同的应用场景。我要介绍的空气"充电宝"，也就是压缩空气储能，是一项比较适合大规模、长时间的储能技术。

我为什么选择压缩空气储能作为自己的研究方向呢？最主要的原因是，压缩空气储能有其独特的优势。首先，它规模大、寿命长、储能的周期不受限制、建设和运行成本低。其次，压缩空气储能涉及的学科主要包括动力工程和工程热物理——正好是我所的优势学科。此外，对于压缩空气储能涉及的压缩机、膨胀机、蓄热换热器，以及循环系统层面的工程热力学，我们都有相应的研究基础。

我在2004年开始压缩空气储能的研究时，这个领域在国内基本处于空白状态，这是因为当时可再生能源的应用比例非常低，只有百分之零点几。很多关心我的老师再三提醒我认真考虑自己的研究方向。但我当时从工业革命背后的能源革命角度考量，坚信可再生能源是我国的发展趋势，储能一定有广阔的发展前景，于是我坚持了下来。如今回首，能把自己的科研兴趣、研究方向，以及国家的重大需求结合在一起，真是一种幸运。

传统压缩空气储能存在哪些问题

什么是压缩空气储能？

它的基本原理很简单，即在用电低谷时通过压缩机把空气压缩成高压空气，将它存储在储气装置中，就好比我们吹气，将空气储存在气球里；在用电高峰时释放高压空气，驱动膨胀机，相当于吹风让风车旋转起来，通过这种方式驱动发电机发电。

其实，压缩空气储能并不是什么新鲜事。我们的祖先在1000

水排

鞴

水轮

宋代炼铁

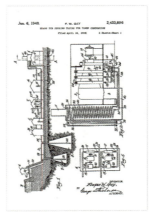

第一个压缩空气储能技术专利

年前就使用过压缩空气储能。宋朝沈括在《梦溪笔谈》中就记载了古人用水轮机鼓鞴[1]为冶铁炉鼓风的操作——这是世界上最早的压缩空气储能实例，并且它用水能进行驱动，这就是可再生能源加储能，是现在最前沿、最热门的研究方向！

世界上第一个压缩空气储能的专利是美国人在1943年申请的，并在1948年获得了授权。

世界上第一个商业运行的压缩空气储能电站，是德国在1978年建成的亨托夫电站。在用电低谷时，它通过压缩机将空气压缩存储在位于地下的储气洞穴中；在用电高峰，高压空气释放，与燃料燃烧产生的高压、高温空气一起驱动膨胀机发电。亨托夫电站运行了40多年，现在仍具有良好效果，其稳定性和可靠性也很强。

但是，传统的压缩空气储能技术在推广过程中出现了以下问题：第一，它依赖于地理条件；第二，依赖于化石燃料；第三，系统的

1　bài，意为风箱。

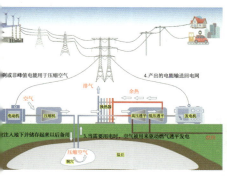

德国亨托夫电站：第一个商业运行的现代压缩空气储能电站

效率相对较低。

究其原因主要有3个方面。首先，空气在压缩过程中产生的压缩热直接被排空，没有回收利用。在日常生活中，当我们用气筒给自行车打气的时候，气筒会发热，这就是压缩热，而传统空气储能系统没有回收压缩热。其次，空气的储能密度比较低，因此需要大规模的储气装置。最后，压缩、膨胀等系统过程相互独立，使得总体效率不高。

那么，如何解决这些问题？我们的总体思路是通过压缩热的回收、气体高压或者液化的高密度存储，以及高效过程耦合匹配，同时解决以上3个问题。

首先，我们在空气压缩的过程中通过换热器将压缩机的压缩热交换、回收，再在蓄热器中存储起来。在发电时，膨胀机通过蓄热器回收热量，从而摆脱对化石燃料的依赖。

其次，通过压力容器球形储罐或者液态的杜瓦罐等储气和储热装置，摆脱对地理条件的依赖。

最后，通过高效的压缩和膨胀来提高单个过程（比如压缩和膨胀、蓄热和释热）的效率。同时，我们在压缩和膨胀的过程中，尽可能地使这两个系统的参数与过程相匹配，从而使整个过程的损失更小，提升总效率。

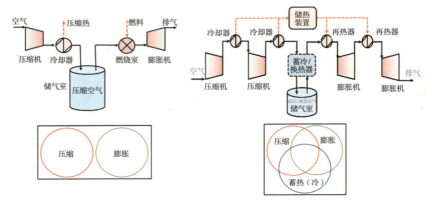

通过压缩热回收再利用，摆脱对化石燃料的依赖

通过压力容器储罐或者杜瓦罐储气和储热，摆脱对地理条件的依赖

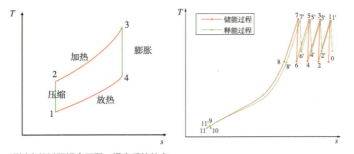

通过高效过程耦合匹配，提高系统效率

基于这3项技术，我们在国际上首次提出了先进压缩空气储能新原理系统。它的工作原理是，在用电低谷时将空气压缩，存储在储气装置当中，同时回收它的压缩热；在用电高峰时释放高压空气，将存储的热重新交换给空气，最后实现用高温高压的空气驱动膨胀机发电，大幅提高系统的效率。

从理论到设计制造

　　有了先进压缩空气储能的原理只是第一步。要想把这个原理变成真正的原型机或样机，要面对两个挑战：第一，理论分析往往是单学科的，而原型机的制造通常涉及多个学科；第二，理论分析只需要理论上可行即可，而制造出原型机必须在实践中可行。

原型机3D模拟图

　　以膨胀机为例。我们首先开展了空气动力学的基础研究，研究其内部详细的流场漩涡结构、二次流和泄漏流，在此基础上得到它的流动损失机理，获得相应的关系式。接着，我们将基础研究成果应用到设计中，包括气动设计、强度设计和结构设计，从而完成它的部件设计。在部件设计的基础上，我们再进行部件的加工、装配和测试，最后形成膨胀机的总装系统。

　　右图是我们制造的10兆瓦膨胀机系统，整个系统有4000多个部件，其中40%是通用部件，60%是非标准部件。由于我们是首先开展相关研究的团队，因此这些非标准部件都需

要我们自主设计、加工和制造。

这样，我们实现了从机理研究，到部件设计，再到样机集成的跨越。

从1千瓦到300兆瓦

要想让这种新型压缩空气储能系统能够应用于实践中，就要从实验室的部件、实验室的样机向工程示范转变，这又给我们带来了新的挑战。

首先，要实现复杂程度从部件层面到系统层面的转变；其次，要实现从实验室里的可运行样机到工程示范的转变，简言之，就是确保系统每次都能可靠地运行；最后，在实验室中只需成功制造即可，但在工程示范阶段，还需考虑其经济性，即是否用得起。

为了实现从实验室样机到工程示范的转变，我们采取了逐步放大、稳步提升的策略：从1千瓦、15千瓦、1.5兆瓦、10兆瓦到100兆瓦，一步一步扎实地推进，保证我们从一个胜利走向另一个胜利。

下图是2010年我们在中关村建成的1千瓦压缩空气储能系统。它主要用于概念的验证和系统的分析，占地面积约15平方米。

在此基础上，我们在2011年完成了位于北京中关村15千瓦的压缩空气储能系统，主要用于开展基础研究和设计验证，占地约70平方米。

在我国"863计划"和其他项目的支持下，2013年，我们在河北廊坊建成国际首套1.5兆瓦先进压缩空气储能的示范项目，占地面积约400平方米，其系统效率可达52.1%。

2016年，在国家"973计划"、国家发展和改革委员会与国家能源局的支持下，我们在贵州毕节建成国际首套10兆瓦先进压缩空气储能的示范系统，其系统效率达到60.2%。这套10兆瓦系统包括多级压缩机、压缩机电机、蓄热器、换热器、发电机、膨胀机等装置，以及控制系统、辅助系统、电控系统、中控室。

进一步，2021年年底我们在河北张家口建成了国际首套100兆瓦的先进压缩空气储能系统。

相比10兆瓦系统，100兆瓦系统的效率提升了10%，规模扩大了10倍，成本降低了30%。它的性能比国际上同等规模的压缩空气储能系统更优秀。

15千瓦压缩空气储能系统（上左）、1.5兆瓦先进压缩空气储能示范系统（上右）、10兆瓦先进压缩空气储能示范系统（下左）、100兆瓦先进压缩空气储能示范系统（下右）

2024年，团队再接再厉，建成了国际首套300兆瓦级先进压缩空气储能示范电站，效率再创世界纪录。到目前为止，我们在全国已建成6套压缩空气储能示范项目，还有20多套正在建设和规划建设中。我们在全国各地种下的一颗颗"能量种子"，将会开出更多的"能量之花"，助力国家实现"双碳"目标。

2024年在山东建成的300兆瓦先进压缩空气储能示范系统

未来，我们还有3件事要做：一是推广和应用现有的技术；二是研发更大规模的系统（如600兆瓦系统）；三是不断研发新的压缩空气储能技术，不断提高效率等关键性能指标。

1934—1936年，中国工农红军历经了艰苦卓绝的二万五千里长征，这一壮举成为中国革命走向胜利的重大转折点。研发压缩空气储能、应用压缩空气储能是我们的梦想、我们的使命、我们的责任，也是我们团队的"长征"。

思考一下：

1. 为什么可再生能源被称为"靠天吃饭"？
2. 压缩空气储能系统如何工作，有什么独特的优势？
3. 传统压缩空气储能存在哪些问题？研究者们是如何解决的？

扫一扫，看演讲视频

图片来源说明

5 "White Dwarf Resurrection" by ESO is licensed under CC BY 4.0 DEED.

6 "Константин Циолковский" by unkown author is in the public domain.

7 "Suntower" by NASA is in the public domain.

8 "Types of Carbon Nanotubes" by Mstroeck is licensed under CC BY-SA 3.0 DEED.（图片进行了汉化）

9 "Sun poster" by Kelvinsong is licensed under CC BY-SA 3.0 DEED.（图片进行了汉化）

10 上："ITER Tokamak and Plant Systems (2016) (41783636452)" by Oak Ridge National Laboratory is licensed under CC BY 2.0 DEED.

　　下："EAST plasma geometry and 3D view" by Chen, S., Villone, F., Xiao, B. et al. is licensed under CC BY 4.0 DEED.

11 "Full Moon Luc Viatour" by Luc Viatour is licensed under CC BY-SA 3.0 DEED.

13 上："Phased array antenna system" by Chetvorno is licensed under CC0 DEED.

　　下："Moon phases 00" by Orion 8 is licensed under CC BY-SA 3.0 DEED.

14 "Interference of two waves" originally by Haade, Vecorized by Wjh31 is licensed under CC BY-SA 3.0 DEED.

15 "A Wafer of the Latest D-Wave Quantum Computers (39188583425)" by Steve Jurvetson is licensed under CC BY 2.0 DEED.

16 "TunnelEffektKling1" originally by DeepKling, Vecorized byr Д.Ильин is licensed under CC0 DEED.

22 左："William Gilbert 45626i" by unknown artist is in the public domain.

　　右："Title-Page of Dr. W. Gilbert, De Magnete Wellcome L0016390" by William Gilbert is licensed under CC BY-SA 4.0 DEED.

23 左："Anselmus-van-Hulle-Hommes-illustres MG 0539" by Anselm van Hulle and Cornelis Galle the Younger is in the public domain.

　　右："Guericke Sulfur globe" by Otto von Guericke is in the public domain.

24 上："First experiments on the conduction of electricity Wellcome M0014506" by Stefan Gray is licensed under CC BY 4.0 DEED.

　　下左："Andreas Cunaeus discovering the Leyden jar" by Laplante is in the public domain.

　　下右："El mundo físico, 1882 Botella de Leyden de armaduras movibles. (4074912332)" by Fondo Antiguo is licensed under CC BY 2.0 DEED.

25 "Benjamin West, English (born America) - Benjamin Franklin Drawing Electricity from the Sky-Google Art Project" by Benjamin West is in the public domain.

26 上左："Galvani-frogs-legs-electricity" by Luigi Galvani is in the public domain.

上右："Galvani frog legs experiment setup" by Luigi Galvani is in the public domain.

下："Galvani, De viribus electricitatis in motu musculari... Wellcome L0029687" by Luigi Galvani is licensed under CC BY 4.0 DEED.

27 左："VoltaBattery" by GuidoB is licensed under CC BY-SA 3.0 DEED.

右："Getting the light" by Elvira Sagdieva T is licensed under CC BY 4.0 DEED.

28 左："C.A. Jensen-Portrait of the Physicist Hans Christian Ørsted-KMS8176-Statens Museum for Kunst" by Christian Albrecht Jensen is in the public domain.

右："Michael Faraday sitting crop" by unknown artist is in the public domain.

29 上左："CR400BF-G-5167@IFP (20210921150931)" by N509FZ is licensed under CC BY-SA 4.0 DEED.

36 "Anatomy of the Human Ear" by Lars Chittka and Axel Brockmann is licensed under CC BY 2.5 DEED.（图片进行了汉化）

37 上右："VW Golf VII-Parking sensor 02" by Basotxerri is licensed under CC BY-SA 4.0 DEED.

39 上："Ultrasonic pipeline test" by Davidmack is in the public domain.

下："The chinese submersible Fendouzhe aboard its mother ship Tan Suo Yi Hao" by Kareen Schnabel is licensed under CC BY-SA 4.0 DEED.

40—41 讲者供图

43 讲者供图

44 上："Alpheidae (MNHN-IU-2014-8217)" by Martin-Lefèvre P. is licensed under CC BY 4.0 DEED.

下："Pistol shrimp claw mechanism" by Carvermyers is licensed under CC BY-SA 4.0 DEED.

45 讲者供图

46 "Cavitation Propeller Damage" by Erik Axdahl is licensed under CC BY-SA 2.5 DEED.

50 上："Richard Feynman Nobel" by the Nobel Foundation is in the public domain.

下：讲者供图

52 上左："Tianzhou-1 and Tiangong-2 rendering" by Jianyu Lei et al. is licensed under CC BY 4.0 DEED.

53 左："燧人氏鑽木取火（廿一史通俗衍义）" by Unknown author is in the public domain.

右："东晋陶牛车1" by 三猎 is licensed under CC BY-SA 4.0 DEED.

54 上左："Charles de Coulomb" by Louis Hierle is in the public domain.

上右："Meyers b13 s0672 b1" by unknown author is in the public domain.（图片调整了清晰度）

下左、下右：讲者供图

55—57 讲者供图（其中"石墨烯微球超滑"图片来源：S.W. Liu...T.B. Ma, J.B. Luo*, Nature Commun., DOI:10.1038, 2017；且图片进行了汉化）

60　上：讲者供图

61　右：讲者供图［图片来源：Deng MM, Zhang CH, Luo JB, et al., Friction, 2014, 2(2): 173–181］

62　左："Na+H$_2$0" originally by Dr. Steven P. Berg, vectorization by Duncan Keall, Glrx and JoKalliauer, is in the public domain.

　　右：讲者供图

64　"Colosse-djéhoutihétep2" by Sir John Gardner Wilkinson is in the public domain.

76　"David J. Wineland and Serge Haroche 1 2012" by Bengt Nyman is licensed under CC BY 2.0 DEED.

77　"IBM Q system (Fraunhofer 2)" by IBM Research is licensed under CC BY 2.0 DEED.

82　"Moore's Law Transistor Count 1970–2020" by Max Roser and Hannah Ritchie is licensed under CC BY 4.0 DEED.（图片进行了汉化）

89　讲者供图（图片调整了清晰度）

91　上左："IBM Quantum" by Fernanda Pedroni is licensed under CC BY-SA 4.0 DEED.
　　上右："IBM System Q" by reivax is licensed under CC BY-SA 2.0 DEED.
　　下左："IBM Q system (27274387309)" by IBM España is in the public domain.
　　下右："IBM Q system (Fraunhofer 2)" by IBM Research is licensed under CC BY 2.0 DEED.

92　"Google Sycamore Chip 001" by Google is licensed under CC BY 3.0 DEED.

93　"Measuring a qubit leaves no room for error" by FMNLab is licensed under CC BY 4.0 DEED.

98　"Levitation superconductivity" by Julien Bobroff and Frederic Bouquet is licensed under CC BY-SA 3.0 DEED.

99—100　讲者供图

102—112　讲者供图

116　"南极鱼"图片："Emerald rockcod, Trematomus bernacchii" by Zureks is licensed under CC BY-SA 3.0 DEED.

118　上："Water molecule (1)" by Booyabazooka is in the public domain.（图片进行了汉化）
　　下：讲者供图（图片进行了汉化）

119—121　讲者供图（其中，"水分子中的氢键"进行了汉化；"水的三种物相"图片来源：2014. University of Waikato；"四面体模型"图片来源：Nature, 1972, 239: 257；"绳圈模型"图片来源：Science, 2004, 304: 995, Science, 2004, 306: 851；"混乱氢键模型"图片来源：Chem. Rev. 2016, 116, 7463）

122　"Scanning Tunneling Microscope schematic" by Michael Schmid and Grzegorz Pietrzak is licensed under CC BY-SA 2.0 DEED.（图片进行了汉化）

123　讲者供图

124　"黑洞"图片："Black hole-Messier 87 crop max res" by Event Horizon Telescope, uploader cropped and converted TIF to JPG, is licensed under CC BY 4.0 DEED.

其他图片：讲者供图

125 右图中的"类石墨烯结构"及左图：讲者供图

126—129 讲者供图［其中第127页图片来源：Proc. Natl. Acad. Sci. U. S. A. 114, 11285-11290 (2017)，且图片进行了汉化］

130 "Thermoreception 2" by Sciencia58 is licensed under CC BY-SA 4.0 DEED.（图片进行了裁切）

131 "Hidrolisis del agua" by Valle de Aves is licensed under CC BY 4.0 DEED.

136 格致论道供图

137—145 讲者供图（其中"杜瓦发给海克·昂尼斯的电报的原始记录"图片来源：莱顿布尔哈夫博物馆；"首次发现超导现象的液氦恒温器"图片来源：莱顿大学；所有图片均调整了清晰度）

152 讲者供图

154 左："Imperial Encyclopaedia-Skilled Occupation or Profession-pic0034-水排"by Chen Menglei is in the public domain.

右：讲者供图

155—160 讲者供图

其他图片来源：pixabay 图库、pxhere 图库、pexels 图库、unsplash 图库、站酷海洛图库、veer 图库